초보자도 쉽게 만드는 앙금 레시피

손쉬운

일본 단팥 디저트

모리사키 마유카 지음

권효정 옮김

YUNA

프롤로그　　　부담 없어 편안하고
어린 시절 추억을 떠올리게 하는 단팥.

사람들은 내가 직업상 서양 디저트를 좋아할 것으로 생각하지만,
누군가 내게 「가장 좋아하는 음식은 무엇인가요?」라고 묻는다면
망설이지 않고 「단팥」이라고 대답할 정도로
단팥을 무척 좋아합니다.

「단팥」이라고 하면 왠지
손이 많이 가고 어려울 것 같지만,
집에서 먹는 단팥 디저트는
간단히 만들 수 있는 것이 많습니다.

팥을 삶아 두기만 하면
다른 재료를 더하는 것만으로도
맛있는 디저트가 바로 완성됩니다.

이 책에서는 일반적인 단팥 레시피 이외에도
케이크나 스콘 같은 베이킹과 컵 디저트 등
간단히 만들 수 있는
다양한 단팥 레시피를 소개합니다.

맛있는 단팥 디저트로
행복한 시간이 되시길 바랍니다.

모리사키 마유카

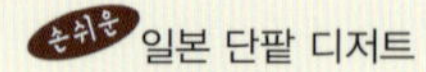

목차

이 책에서는
- 1 작은술은 5㎖, 1 큰술은 15㎖, 1 컵은 200㎖이다. 1㎖는 1cc이다.
- 달걀은 1개 50g 정도(껍질은 제외)의 크기를 사용한다.
- 화력은 특별한 표기가 없는 경우에는 중불에서 조리한다.
- 상온이라고 표기된 경우에는 20℃ 전후로 생각한다.
- 전자레인지는 600W를 사용하고 있다. 500W인 경우에는 가열시간을 1.2배로 늘려준다.
- 오븐은 미리 설정 온도로 예열시켜 놓는다.
- 오븐의 온도와 굽는 시간은 각자 가지고 있는 기종에 따라 달라질 수 있나.
  책에 표기된 것을 기준으로 삼아서 조절해야 한다.
  그 외의 조리 기구도 각 메이커의 사용설명서를 잘 읽고 바른 방법으로 사용하다.
- 식혀서 굳힐 경우에는 냉장고의 설정 온도와 상황에 따라 달라질 수 있다.

이 책에서 사용하는 도구

이 책에서는 특별한 도구를 사용하지 않는다. 구하기 쉬운 일반적인 도구를 이용하여 대부분의 레시피를 만들 수 있다.

스크래퍼

반죽을 섞거나 나눌 때 사용한다.

프라이팬

반죽을 구울 때 사용한다. 전기 프라이팬을 사용해도 괜찮다.

거품기

반죽을 섞거나 크림을 만들 때 사용한다.

볼

재료를 섞을 때 사용한다. 큰 사이즈가 편리하다.

냄비

베이스가 되는 앙금을 만들거나, 데우거나 끓일 때 사용한다. 집에서 사용하는 냄비로 충분하다.

밀대

반죽을 고르게 펴거나 밀 때 편리하다. 어느 정도 길이가 되는 것이 좋다.

찜기

쪄서 만들 때 사용한다. 없을 때는 냄비를 이용해도 괜찮다.

체

가루 등을 쳐서 곱게 만들 때 사용한다.

종이 호일

오븐에서 구울 때 반죽이나 재료가 팬에 달라붙지 않도록 밑에 깔아 준다.

고무 주걱

크림을 섞을 때 사용한다. 볼 바닥에 붙어 있는 반죽까지 깨끗하게 정리할 수 있다.

스패튤라

크림을 바를 때 사용한다. 균일하게 바를 수 있어서 예쁘게 완성된다.

틀 종류

베이킹할 때 사용한다. 집에 다양한 종류의 틀이 없다면, 갖고 있는 틀로 대용해도 괜찮다.

앙금의 종류

이 책에 나오는 앙금은 팥으로 만드는 것과
흰강낭콩으로 만드는 것 두 종류이다. 이외
에도 완두콩으로 만드는 앙금이나 풋콩으로
만드는 것 등 여러 종류의 앙금이 있다. 우리
나라, 일본, 중국 과자 등에 사용되는 친밀한
식재료이다.

팥
알이 작고 진한 자주색을 띤다. 팥죽,
팥 시루떡, 팥밥 등 예로부터 행사나
일상생활과 관계가 깊다.

흰강낭콩
팥보다 크기가 크다. 하룻밤 물에 충
분히 불려두었다가 푹 삶아서 만드는
흰앙금은 팥앙금보다 담백하고 폭신
폭신하다.

왼쪽부터: 최상급 팥앙금, 최상급 흰앙금, 최상급 통팥앙금 (전부 후쿠자와 상점)

시판용 앙금 활용

지금 당장 단팥이 먹고 싶을 때 유용하다.
베이킹은 서툴지만, 집에서 만든 단팥 디저트가 먹고
싶을 때는 시중에서 판매되는 앙금을 사놓으면 좋다.
팥앙금부터 흰앙금까지 종류도 다양하다.

팥을 수확하기까지

넓디넓은 토지에서 키우는 일본 홋카이도 도카치 지방의 팥. 맑은 공기, 건강한 대지, 좋은 품질의 유
기 비료가 잘 여문 열매를 자라게 하고, 가을~겨울에는 일조시간이 짧은 덕분에 타닌의 생성을 막아
떫은맛이 적은 팥을 생산할 수 있다.

잘 발효된 비료가 잘 섞
인 토양에 씨를 뿌린다.

건강한 새싹이 밭 여기
저기에서 발아한다.

잎과 줄기가 크고 굵게
성장한 다음, 노란색 꽃
이 핀다.

수확시기가 되면 열매
를 감싼 깍지가 갈색으
로 변한다.

기계로 수확할 때 팥과
깍지니 기지기 분별 된
다.

마지막에는 사람 손으
로 직접 작은 찌꺼기를
골라낸다.

통팥앙금 만들기

물에 담가서 불릴 필요가 없기 때문에
바로 만들 수 있는 것이 팥앙금의 장점이다.
커다란 냄비에 많이 만들어 놓고
보존할 수 있다.

재료 (만들기 좋은 분량)

팥 … 200g

사탕수수당 … 150g

소금 … 약간

4

팥이 속까지 푹 익어서 주걱으로 간단하게 으깨질 정도로 부드러워지면 불을 끈다.

만드는 방법

1

팥은 가볍게 씻어 냄비에 넣고, 물을 3컵 정도 넣고 강불에 끓인다. 끓어서 팥이 떠오르면 다시 찬물을 500㎖ 정도 넣고, 다시 끓어오르면 중불로 낮춘 다음 10분 정도 더 삶는다.

5

팥이 찰랑찰랑 잠길 정도의 물만 남겨 놓고 버린다. 사탕수수당을 2~3번에 나눠 넣으며 중불에서 끓인다.

2

불을 끄고 뚜껑을 덮은 다음 40분 정도 뜸을 들인다. 팥 껍질이 주름 없이 팽팽해지면 체에 걸러 삶은 물을 버린다. 빠르게 차가운 물로 씻어서 냄비에 다시 넣고, 물 3컵 정도 넣어서 강불에 끓인다.

6

물이 자작해지면 약불로 줄이고 소금을 넣은 후, 눌어붙지 않도록 주의하면서 으깬다. 주걱으로 떠 올렸을 때 매끄럽게 떨어질 정도가 되면 불을 끈다. 식으면 되직해지므로 생각보다 묽을 때 마무리한다.

3

끓기 시작하면 팥이 약간 움직일 정도의 약불로 줄이고 거품이 생기면 걷어내고, 팥이 물에 잠겨 있도록 때때로 물을 더 부어주며 끓인다.

7

넓은 그릇에 옮겨서 식힌다.

포인트

· 팥 종류(수확 시기, 품종 등)에 따라 삶는 시간의 차이가 크다. **3**에서 시간에 구애받지 말고 부드럽게 푹 익을 때까지 삶는다.

· **3**에서 뚜껑을 덮고 삶으면 온도가 올라가서 팥이 지나치게 움직인다거나, 물에 잠겨있지 않은지 눈으로 확인하기 어렵다. 뚜껑을 덮지 않으면 시간은 더 오래 걸리지만 확인하기는 편하다.

흰앙금 만들기

그래뉴당을 넣고 삶아 깔끔한 단맛이 난다.
과일이나 말차 등과 잘 어울린다.

재료 (만들기 쉬운 분량)

흰강낭콩 … 200g
그래뉴당 … 130g

[미리 준비하기]

흰강낭콩은 상처가 나지 않도록 조심히 씻어서 물 3컵과 함께 냄비에 넣고 하룻밤 불려둔다.

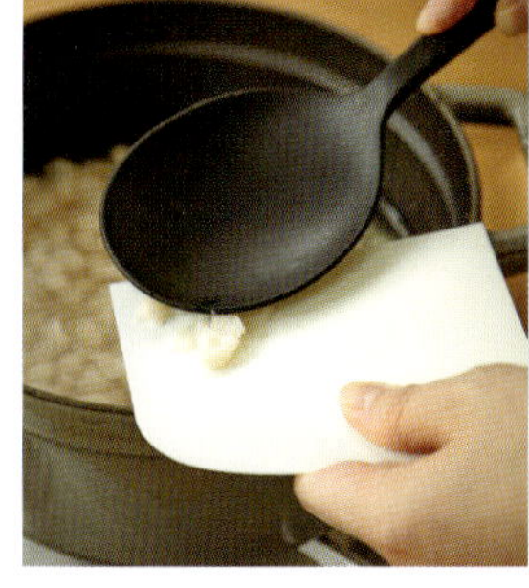

4

콩이 속까지 부드럽게 잘 익어서 주걱으로 간단히 으깨질 정도가 되면 불을 끈다.

만드는 방법

1

불린 물을 버리지 말고 그대로 강불에 끓여서 콩이 떠오르면 찬물을 500㎖ 정도 더 붓는다. 다시 끓어오르면 중불에서 10분 정도 삶는다.

5

콩이 찰랑찰랑 잠길 정도의 물만 남겨 놓고 버린다. 그래뉴당을 2~3번에 나눠 넣으며 중불에서 끓인다.

2

불을 끄고 뚜껑을 덮어서 40분 정도 뜸을 들인다. 흰강낭콩 껍질이 주름 없이 팽팽해지면 체에 걸러 물을 버린다. 찬물로 살짝 씻어서 냄비에 넣고, 물 3컵 정도를 넣고 강불에 끓인다.

6

물이 자작해지면 약불로 줄이고 눌어붙지 않게 주의하면서 으깬다. 주걱으로 떠 올렸을 때 매끄럽게 떨어질 정도가 되면 불을 끈다. 식으면 더 되직해지므로 생각보다 묽을 때 마무리한다.

3

끓어오르면 콩이 약간 움직일 정도의 약불로 줄이고 뚜껑을 덮어서 30~60분 정도 삶는다. 거품이 생기면 걷어내고, 콩이 물에 잠겨 있도록 물을 더 부어주며 끓인다.

7

넓은 그릇에 옮겨서 식힌다.

포인트

· 흰강낭콩의 종류(수확 시기, 품종 등)에 따라 삶는 시간의 차이가 크다. **3**에서 시간에 구애받지 말고 부드럽게 푹 익을 때까지 삶는다.
· **3**에서 뚜껑을 덮고 삶으면 온노가 올라가서 콩이 시나지게 움직인다거나, 물에 잠겨있지 않은지 눈으로 확인하기 어렵다. 뚜껑을 덮지 않으면 시간은 더 오래 걸리지만 확인하기는 편하다.

단팥의 기본 3

보존

뚜껑이 있는 보존 용기에서 3일 정도 냉장 보존할 수 있다. 사용할 분량을 나눠서 비닐 랩으로 싸고 지퍼백에 넣으면 냉동고에서 2주 정도 보존할 수 있다. 사용할 때는 냉장고에서 자연해동시킨다.

50g, 100g을 기준으로 작게 나눠두면 사용할 때 편리하다.

무게에 따라 지퍼백을 구분해서 넣어두면 알기 쉽다.

굳기의 조절

반죽 속에 앙금을 넣는 레시피의 경우에는 미리 앙금을 동그랗게 빚는 준비 과정이 필요하다. 이때 앙금이 지나치게 말랑말랑하면 빚기 어려우므로 수분을 증발시켜서 굳기를 조절한다. 냄비에서 다시 끓여도 되지만, 내열 접시에 담고 키친타올을 덮어 전자레인지에서 가열하면 간단히 굳기 조절을 할 수 있다. 가열 시간은 앙금의 묽기에 따라 다르지만 1분씩 가열하며 상태를 확인하는 것이 좋다. 시판 앙금을 구입했을 때나 냉동시켰던 앙금을 해동했는데 묽어진 경우에도 사용할 수 있는 방법이다.

키친타올은 주변에 앙금이 튀는 것을 방지해 준다.

간단한 고운 앙금 만들기

본래 고운 앙금을 만드는 방법은 매우 복잡하다. 껍질을 벗겨서 체에 거른 것에 물을 붓고 침전시켜서 윗물만 버리는 작업을 반복하고 다시 체에 거르는 식이다. 통팥앙금과는 다르게 완성할 때까지 손이 많이 가는 작업이다. 가정에서 고운 앙금이 필요한 경우에는 통팥앙금을 믹서에 갈아서 간단하게 만들 수 있다.

만드는 방법

1. 만들어 놓은 통팥앙금을 믹서기에 넣어서 돌린다. 필요에 따라 물을 더해서 돌린다.

2. 내열 접시에 옮겨 담고 키친타올을 덮어서 전자레인지로 가열해서 묽기를 조절한다.

단팥 샌드위치

단팥과 버터는 정말 잘 어울린다. 빵을 굽지 않고 단팥을 샌드해도 맛있다.

재료 (2조각 분량)

통팥앙금 … 100g
식빵 … 2장
버터 … 10g

만드는 방법

1. 식빵을 굽는다.
2. 구운 식빵 안쪽 면에 버터를 바르고, 그 위에 통팥앙금을 올려서 다른 쪽 빵으로 덮는다.
   가볍게 눌러서 3각형 모양이 되도록 절반으로 자른다. 앙금을 샌드한 후 다시 한번 가볍게
   구워주면 더욱 바삭하게 된다.

단팥 아이스크림 단팥과 아이스크림의 조화는 모두가 좋아하는 맛!

재료 (1인분)

통팥앙금 … 100g
바닐라 아이스크림 … 150㎖

만드는 방법

그릇에 바닐라 아이스크림을 담고 통팥앙금을 올린다.

단팥 파르페

바삭바삭한 식감의 달지 않은 현미 플레이크를 넣었다.

재료 (1인분)

통팥앙금 … 100g

말차 아이스크림 … 3스쿱

현미 플레이크 … 3큰술

비정제 흑설탕 시럽 … 적당량

만드는 방법

그릇에 현미 플레이크를 담고, 말차 아이스크림, 통팥앙금을 번갈아 넣는다.
마지막으로 비정제 흑설탕 시럽을 붓는다.

단팥 모나카

시판의 모나카 껍질을 사용해서 간단하게 만든다. 좋아하는 재료와 단팥을 함께 넣어도 좋다.

★팥

재료

통팥앙금 ⋯ 30g

모나카 껍질 ⋯ 2개분

만드는 방법

모나카 껍질에 통팥앙금을 올리고 덮는다.

분량은 각각
지름 4㎝, 2개분

★말린 과일

재료

흰앙금 ⋯ 20g

말린 과일(무화과, 오렌지, 크랜베리) ⋯ 10g

모나카 껍질 ⋯ 2개분

만드는 방법

모나카 껍질에 흰앙금, 말린 과일을 올리고 다른 쪽 껍질로 덮는다. 말린 과일은 건포도, 살구, 사과, 망고, 파인애플 등 좋아하는 것을 사용하면 된다.

★찹쌀떡

재료

통팥앙금 ⋯ 20g

얇게 썬 찹쌀떡 ⋯ 4조각

모나카 껍질 ⋯ 2개분

만드는 방법

모나카 껍질에 통팥앙금, 찹쌀떡을 올리고 다른 쪽 껍질로 덮는다.

단팥 구슬

수분을 약간 증발시킨 단팥을 사용한다. 동그랗게 빚기만 해도 멋진 디저트가 된다.

재료 (6개분)

통팥앙금 … 90g
콩가루 … 적당량
흰앙금 … 90g
말차가루 … 적당량

만드는 방법

통팥앙금을 3등분 하고 동그랗게 빚어서 콩가루를 위에 뿌린다.
같은 방법으로 흰앙금도 3등분해서 동그랗게 빚어 말차가루를 뿌린다.

2장 일본 디저트 (화과자)

"단팥 디저트"라는 말을 들었을 때, 많은 사람들이 떠올리는 것은 팥앙금이 들어 있는 찹쌀떡이
나 만주 같은 디저트이다. 이것들은 만들기 어려울 것 같지만, 사실은 간단히 만들 수 있어서
일상적인 디저트로 활용하기에 매우 좋다.

도라야키

특별한 도구 없이 프라이팬 하나만으로 만들 수 있는 간단한 레시피이다.
껍질에 꿀을 넣어 구우면 먹음직스러운 색이 된다.
만드는 방법을 기억해 두면 일상적인 간식으로 활용하기 좋은 레시피이다.

단팥 도라야키

조그만 사이즈의
기본적인 도라야키 만드는 방법

재료 (지름 8㎝×6개분)

A | 박력분 ⋯ 80g
   | 베이킹파우더 ⋯ 1/2작은술

달걀 ⋯ 1개

정백당 ⋯ 50g

꿀 ⋯ 10g

요리술 ⋯ 1큰술

참기름 ⋯ 1작은술

물 ⋯ 2큰술

통팥앙금 ⋯ 120g

[미리 준비하기]

· 통팥앙금은 6등분 해둔다.

만드는 방법

1

볼에 달걀을 넣어서 풀고 정백당을 넣고 거품기로 섞는다. 꿀, 요리술, 참기름을 넣어서 섞은 후, 물을 넣고 섞는다.

2

A를 체에 쳐서 넣고 가루가 날리지 않을 때까지 거품기로 섞는다. 그리고 주걱으로 균일하게 되도록 섞는다(비닐 랩을 씌워서 30분 정도 반죽을 재워두면 좋다).

응용 레시피

말차 도라야키

말차가루를 반죽에 넣어서 쌉쌀한 맛을 즐길 수 있다.
녹색 빛깔의 반죽이 식욕을 돋운다.

○ 로 감싼 재료와 분량을 바꿔서 만드는 응용 레시피이다.

재료 (지름 8㎝×6개분)

A | 박력분 ⋯ 75g
   | 말차가루 ⋯ 5g
   | 베이킹파우더 ⋯ 1/2작은술

달걀 ⋯ 1개

정백당 ⋯ 50g

꿀 ⋯ 10g

요리술 ⋯ 1큰술

참기름 ⋯ 1작은술

물 ⋯ 3큰술

통팥앙금 ⋯ 120g

만드는 방법

「단팥 도라야키」와 같은 순서로 **1~5**까지 만든다.

프라이팬에 기름을 얇게 두르고 중불로 예열한 후 젖은 행주 위에 올려서 일단 온도를 떨어뜨린다(구울 때마다 반복하면 좋다). 중불에서 **2**를 2큰술 정도씩 동그랗게 올린다.

반죽 표면에 기포가 올라오면 뒤집어서 반대면을 20초 정도 굽는다. 같은 방법으로 11장을 더 굽는다. 쿠킹 시트 위에 올려놓고 비닐 랩으로 감싸서 식힌다.

한 장에 통팥앙금을 올리고 다른 한 장으로 덮는다. 같은 방법으로 5개를 더 만든다.

생크림 도라야키

생크림과 단팥을 더하면 부드러운 식감이 생겨서 좋다.
만들자마자 먹으면 더욱 맛있게 먹을 수 있다.

재료 (지름 8㎝×6개분)

A | 박력분 ⋯ 80g
　 | 베이킹파우더 ⋯ 1/2작은술

달걀 ⋯ 1개

정백당 ⋯ 50g

꿀 ⋯ 10g

요리술 ⋯ 1큰술

참기름 ⋯ 1작은술

물 ⋯ 2큰술

통팥앙금 ⋯ 60g

생크림 ⋯ 60g

정백당 ⋯ 1~2작은술

만드는 방법

큰 볼에 얼음물을 담고 그 위에 생크림과 정백당을 넣은 볼을 올려서 휘핑한다. 70% 휘핑되면 통팥앙금을 넣고 섞어서 80% 정도로 휘핑하여 단팥 크림을 만든다. 「단팥 도라야키」와 같은 순서로 **1~4**까지 만들고, 껍질 한 장에 단팥 크림을 1/6 정도 분량을 올려서 샌드한다. 같은 방법으로 5개 더 만든다.

오하기

여러 가지 맛을 볼 수 있도록 작은 크기로 만든 오하기이다.
단팥을 찹쌀로 감싸고 그 위에 검은깨, 콩가루로 감싼 스타일과
단팥으로 찹쌀을 감싼 2가지 타입이 있다. 좋아하는 것을 만들어 보자.

단팥 오하기

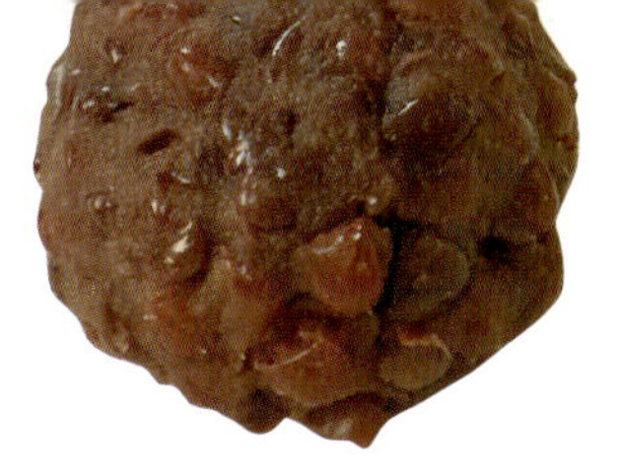

찹쌀을 단팥으로 감싸서 만든다.
비닐 랩을 사용하면 깨끗하고 예쁜 모양으로 만들 수 있다.

재료 (10개분)
찹쌀 … 200㎖ (약 175g)
물 … 200㎖
통팥앙금 … 350g

[미리 준비하기]
· 통팥앙금은 10등분해서 동그랗게 빚어 놓는다.

만드는 방법

1

찹쌀은 씻어서 건지고, 물 200㎖와 함께 내열 볼에 넣고 30분 이상 불린다.

2

볼에 비닐 랩을 느슨하게 씌우고 600W 전자레인지에서 5분간 가열한다. 가열이 끝나면 꺼내서 전체를 섞어주고 다시 랩을 느슨하게 씌워서 5분 더 가열한다.

3

다시 한 번 섞어주고 비닐 랩을 팽팽하게 씌워서 밀착시켜 식힌 후, 떡을 만드는 것처럼 주걱으로 으깨면서 섞어 순다.

4

쫀득쫀득해지면 한 덩어리로 만든다. 손바닥에 살짝 물을 묻히고 10등분으로 나눠서 동그랗게 빚는다.

5

미리 빚어 놓은 통팥앙금을 2장의 랩 사이에 넣고 편평하고 넓게 펼친 후 위쪽 랩을 벗겨 **4**를 올리고 감싼다.

6

손으로 굴리면서 동그랗게 빚는다. 같은 방법으로 9개 더 만든다.

레시피 분량보다 많이 만들 경우에는 가열시간이 달라지므로 찹쌀을 밥솥에서 짓는 것이 좋다. 물에 반나절 정도 불려서 멥쌀로 밥을 할 때와 같은 양의 물로 지으면 된다.

콩가루 오하기

찹쌀로 단팥을 감싸고 콩가루를 듬뿍 묻힌 부드
러운 맛이다. 팥과 대두의 조합으로 포만감도 있
다.

재료 (10개분)
찹쌀 … 200㎖ (약 175g)
물 … 200㎖
통팥앙금 … 150g
콩가루 … 50g
사탕수수당 … 1큰술

만드는 방법
「단팥 오하기」와 같은 순서로 1~4까지 만든다.
손바닥에 동그랗게 빚은 4를 올리고 단팥을 감쌀
수 있도록 넓게 펼친다. 통팥앙금을 올려서 감싸
고 손바닥으로 굴려서 동그랗게 만든다. 같은 방
법으로 9개 더 만든다. 트레이에 콩가루와 사탕
수수당을 넣고 섞어서 전체적으로 묻힌다.

참깨 오하기

만드는 방법은 콩가루 오하기와 같다. 마지막에
설탕을 넣은 참깨가루를 묻히면 참깨의 고소한
향기가 입안 가득 퍼진다.

재료 (10개분)
찹쌀 … 200㎖ (약 175g)
물 … 200㎖
통팥앙금 … 150g
참깨가루 … 50g
사탕수수당 … 1큰술

만드는 방법
「단팥 오하기」와 같은 순서로 1~4까지 만든다.
손바닥에 동그랗게 빚은 4를 올리고 단팥을 감쌀
수 있도록 넓게 펼친다. 통팥앙금을 올려서 감싸
고 손바닥으로 굴려서 동그랗게 만든다. 같은 방
법으로 9개 더 만든다. 트레이에 참깨가루와 사
탕수수당을 넣고 섞어서 전체적으로 묻힌다.

단팥 찐빵

두유와 단팥을 사용한 건강 레시피이다.
폭신폭신 가볍고 깔끔한 식감으로 계속 손이 가는 맛이다.
오후 간식으로 딱 좋지만, 맛있어서 지나치게 많이 먹지 않도록 주의해야 한다.

재료 (5개분/지름 7㎝ 머핀 틀)

A ｜ 박력분 … 100g
　 ｜ 베이킹파우더 … 1작은술

달걀 … 1개

사탕수수당 … 60g

두유 … 4큰술

참기름 … 1큰술

통팥앙금 … 100g

만드는 방법

[미리 준비하기]

· 틀에 유산지를 깔아 둔다. 찜기를 준비해 둔다.

> ※찜기 준비 : 물을 넣고 뚜껑을 천으로 감싸둔다.

1. 볼에 달걀을 풀고 사탕수수당을 넣어서 거품기로 끈적한
   느낌이 날 때까지 섞는다. 두유를 넣고 더 섞는다.
2. A를 체에 쳐서 넣고 거품기로 섞어서 가루가 날리지 않을
   정도가 되면 참기름을 넣고 섞는다.
3. 유산지를 깔아 둔 틀에 **2**와 통팥앙금을 번갈아 넣고 젓가
   락 등으로 가볍게 섞어서 마블 모양이 나도록 한다. 같은
   방법으로 4개 더 만든다.
4. 물을 끓여둔 찜기에 넣고 강한 중불에서 12 - 15분 정도 찐
   다.

단팥 & 말차 우키시마
(찐 카스텔라)

화과자이지만 케이크와 비슷한 느낌이다.
단팥에 머랭과 반죽을 섞어서 층이 생기게
만든다. 카스텔라를 연상시키는 결이 곱고
촉촉한 식감이 특징이다.

재료 (파운드케이크 틀 18×8×6㎝ 1개분)

흰앙금 ··· 150g
달걀노른자 ··· 2개분
정백당 ··· 20g

머랭

| 달걀흰자 ··· 2개분
| 정백당 ··· 20g

★단팥 반죽

통팥앙금 ··· 80g
멥쌀가루 ··· 20g

★말차 반죽

흰앙금 ··· 80g
물 ··· 1작은술

A | 멥쌀가루 ··· 20g
  | 말차 ··· 1작은술

[미리 준비하기]

· 틀에 유산지를 깐다. 찜기를 준비한다

※p.25참조

만드는 방법

1

볼에 흰앙금, 달걀노른자, 정백당 20g을 넣고 거품기로 잘 섞는다.

2

1의 분량을 절반으로 나눠서 다른 볼에 넣는다. 한쪽에는 통팥앙금, 멥쌀가루를 순서대로 넣고 그때마다 주걱으로 섞는다(단팥반죽). 다른 한쪽은 흰앙금, 물을 넣어서 섞고, **A**를 체에 쳐서 넣고 주걱으로 섞는다(말차반죽).

3

다른 볼에 달걀흰자를 넣어 휘핑하고, 정백당 20g을 2~3번에 나눠 넣고 휘핑하여 단단한 머랭을 만든다.

4

3의 절반을 **2**의 단팥반죽에, 남은 절반을 말차반죽에 넣고 각각 머랭이 꺼지지 않도록 주의하며 주걱으로 섞는다.

5

틀에 말차반죽을 붓고, 위에 단팥반죽을 흘려 넣는다. 물을 끓여 놓은 찜기에 넣고 중불에서 20~25분 찐다.

6

대나무 꼬치로 찔렀을 때 끈적끈적한 반죽이 묻어나오지 않으면 완성. 틀에서 꺼내고 유산지를 떼지 않은 상태로 식힘망에서 식힌다.

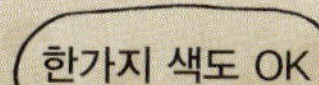

응용 레시피

한가지 색도 OK

단팥 우키시마

말차 또는 단팥, 한가지 색으로 만들어도 괜찮다.

만드는 방법

「단팥 & 말차 우키시마」와 같은 방법으로 **1**을 만든다. **2**에서 단팥반죽 한 가지만(분량: 통팥앙금 160g, 멥쌀가루 40g)을 만들어 **3**~**6**까지 만든다.

흑설탕 만주

흑설탕의 단맛이 살아있는 만주이다.
유명 온천 거리에서만 만날 수 있던 따
끈따끈한 만주를 집에서 먹을 수 있다
는 것은 정말 행복한 일이다. 꼭 만들
자마자 먹어보길 바란다.

재료 (8개분)

통팥앙금 ⋯ 200g

비정제 흑설탕 ⋯ 40g

따뜻한 물 ⋯ 4 작은술

베이킹소다 ⋯ 1g

박력분 ⋯ 60g

박력분(덧가루용) ⋯ 2큰술 정도

만드는 방법

1

볼에 비정제 흑설탕을 넣고 따뜻한 물을 부어 주걱으로 전부 녹을 때까지 섞는다. 잘 녹지 않을 때는 느슨하게 비닐 랩을 씌워서 전자레인지에서 가열한다. 큰 볼에 얼음물을 넣고 위에 흑설탕을 녹인 볼을 올려서 식힌다.

4

3을 8등분해서 동그랗게 빚는다.

2

베이킹소다를 약간의 찬물(1/4 작은술 정도. 분량 외)에 녹여서 1에 넣고 섞는다. 베이킹소다는 열에 반응하면 가스를 배출하므로 1은 반드시 잘 식혀둔다.

5

손에 박력분을 묻히고 4를 편평하게 만들어, 그 위에 동그랗게 빚어 놓은 통팥앙금을 올려서 감싼다. 같은 방법으로 7개 더 만든다.

3

박력분을 체에 쳐서 넣고 주걱으로 가볍게 섞는다. 박력분을 뿌린 트레이에 옮기고 냉장고에서 30분 정도 재운다.

6

스프레이한 후, 끓여 놓은 찜기에 올려서 강불로 12분간 찐다.

앙금을 감싸는 방법

만주, 찹쌀떡, 쿠사모찌 등을 빚을 때 필요하다.
오하기와 사쿠라모찌에도 이용할 수 있는 방법이다.

시작

앙금은 안쪽으로 넣으면서, 반죽은
앞쪽으로 늘려가는 이미지이다.

반죽을 손바닥 위에서 편평하게
넓게 펴고 앙금을 올려놓는다.

손바닥으로 굴리면서 손 전체
로 반죽과 앙금을 감싼다.

앙금을 감싸면 입구를
비틀며 막는다.

완성

찹쌀떡

찹쌀떡은 재료도 적게 들고
만드는 시간도 오래 걸리지 않으며 어렵지 않다.
여러 번 만들어서 익숙해지면 선물로 주기에도 좋다.
만들자마자 먹으면 입안에서 부드럽게 살살 녹는다.

단팥 찹쌀떡

찹쌀떡의 기본적인 레시피이다. 이 방법을 베이스로
좋아하는 재료를 사용하여 응용해 보자.

[미리 준비하기]

· 트레이에 녹말을 골고루 뿌려둔다.
· 통팥앙금은 6등분해서 동그랗게 빚어둔다.

통팥앙금 … 210g

찹쌀가루 … 70g

정백당 … 30g

물 … 120㎖

녹말가루 … 2~3큰술 정도

만드는 방법

1

내열 볼에 찹쌀가루와 정백당
을 넣고 잘 섞은 후, 물을 조
금씩 넣으면서 뭉치지 않도록
주걱으로 잘 섞는다.

2

비닐 랩을 느슨하게 씌우고
600W 전자레인지에서 1분 30
초간 가열한 후 주걱으로 재빠
르게 섞어준다.

3

비닐 랩을 다시 느슨하게 씌우
고 600W 전자레인지에서 1분
씩 3번 가열하고 1분이 끝날
때마다 주걱으로 재빠르게 반
죽해 준다.

4

반죽에 투명한 느낌이 나고,
주걱으로 들어 올렸을 때 끊어
지지 않고 늘어날 정도가 되도
록 한다.

5

녹말가루를 뿌린 트레이에 옮
기고 표면에 녹말가루를 묻힌
후 반죽이 따뜻할 때 6등분한
다. 엄지와 검지로 잡아서 자
르거나 녹말을 뿌린 스크래퍼
나 주방가위로 자르면 편하다.

6

녹말가루를 가볍게 털어서 손
으로 편평하게 펴주고, 그 위
에 동그랗게 빚어놓은 통팥앙
금을 올려서 감싼다. 같은 방
법으로 5개 더 만든다.

검은콩 찹쌀떡

검은 콩의 식감과 맛을 잘 살렸다.
통조림으로 나오는 콩조림을 사용해도 OK.

재료 (6개분)
통팥앙금 … 150g
찹쌀가루 … 70g
정백당 … 30g
물 … 120㎖
검은콩 통조림 … 30알 정도(약30g)
녹말가루 … 2~3큰술 정도

만드는 방법
검은콩 조림은 키친타올 등으로 물기를 약간 닦아
낸다. 「단팥 찹쌀떡」과 같은 방법으로 1~5까지 만
든다. 반죽의 녹말가루는 털어내고 손으로 편평하
게 만들어서 검은콩 조림 5알과 통팥앙금을 올려
서 감싼다. 같은 방법으로 5개 더 만든다.

딸기 찹쌀떡

딸기의 신맛과 흰앙금의 단맛이 잘 어울린다. 흰
앙금을 단팥앙금으로 바꾸거나, 딸기 대신 씨 없
는 포도를 사용하는 등 응용할 수 있다.

재료 (6개분)
흰앙금 … 100g
딸기 … 6개 (1개당 15g 정도의 중간크기)
찹쌀가루 … 70g
정백당 … 30g
물 … 120㎖
녹말가루 … 2~3큰술 정도

만드는 방법
흰앙금은 6등분해서 꼭지를 딴 딸기를 감싸고 비
닐 랩으로 싸서 냉장고에 넣어둔다. 「단팥 찹쌀
떡」과 같은 방법으로 1~5까지 만든다. 반죽의 녹
말가루는 털어내고 손으로 편평하게 만들어서 딸
기가 들어있는 흰앙금을 올려서 감싼다. 같은 방
법으로 5개 더 만든다.

쿠사모찌 (쑥떡)

물방울같이 귀여운 모양으로 만들었다.
이 레시피에서는 향을 돋보이게 하려고
쑥을 많이 사용했지만,
좋아하는 정도로 조절하는 것도 좋다.
마무리는 콩가루로 맛과 모양에 포인트를 준다.

재료 (6개분)

통팥앙금 … 120g
멥쌀가루 … 80g
찹쌀가루 … 20g
정백당 … 20g
물 … 160㎖
건조 쑥 … 3g

미지근한 물 … 1큰술
콩가루 … 적당량
A│정백당 … 1큰술
 │물 … 2큰술

[미리 준비하기]

· 통팥앙금은 6등분해서 동그랗게 빚어 놓는다.
· 미지근한 물을 담아 놓은 볼에 건조 쑥을 넣고 불린다.
· 트레이에 콩가루를 뿌려 놓는다.

1

내열 볼에 **A**를 넣고 비닐 랩을 느슨하게 씌운 후 600W 전자레인지에서 40초간 가열해서 녹인다. 식히면 시럽이 된다.

2

다른 내열 볼에 멥쌀가루, 찹쌀가루, 정백당을 넣고 잘 섞는다. 물을 조금씩 넣으면서 가루가 뭉치지 않도록 주걱으로 섞는다. 비닐 랩을 느슨하게 씌우고 600W 전자레인지에서 2분 30초간 가열하고 주걱으로 재빠르게 섞는다.

3

다시 비닐 랩을 느슨하게 씌우고 600W 전자레인지에서 2분씩 4번 가열한다. 2분이 끝날 때마다 주걱으로 재빠르게 섞는다.

4

쑥을 불린 물과 함께 넣고 주걱으로 빠르게 섞는다. 균일하게 섞어서 한 덩어리가 되면 넓게 잘라 둔 비닐 랩에 올리고, 손으로 랩을 힘 있게 주물러서 떡으로 만든다. 절반으로 접어서 늘리고 다시 절반으로 접어서 늘리는 과정을 반복한다.

5

손에 1을 묻히고 4를 6등분해서 동그랗게 빚은 다음, 반죽을 손바닥으로 눌러서 편평하게 만들고, 그 위에 동그랗게 빚어 놓은 통팥앙금을 올린다. 위에 있는 손가락으로 통팥앙금을 누르면서 밑에 있는 네 손가락으로 쥐고 약간씩 돌리면서 통팥앙금을 감싼다.

6

통팥앙금이 거의 보이지 않게 되면 반죽을 집어서 봉한다. 봉하는 부분을 엄지와 검지로 집어서 위로 잡아당기며 반죽을 살짝 떼어낸다. 같은 방법으로 5개를 더 만들고 콩가루를 뿌려둔 트레이에 올린다.

응용 레시피

쿠사당고 (6개분) 꼬치에 꽂은 동그란 찹쌀 경단 위에 통팥앙금을 올려서 즐긴다

만드는 방법

「쿠사모찌」와 같은 방법으로 1~4까지 만든다. 1을 묻힌 스크래퍼로 18등분해서 동그랗게 빚고, 1을 묻힌 대나무 꼬치에 3개씩 꽂아서 접시에 담고 통팥앙금을 올린다.

사쿠라모찌
간사이식 · 도묘지

시각적으로는 알갱이가 하나하나 보여서 재미있고,
미각적으로는 폭신하고 부드러운 식감의 도묘지 가루로 앙금을 감쌌다.
후각으로 느껴지는 벚나무잎 절임의 향기도 천천히 맛보길 바란다.
벚나무 잎은 벗기고 먹어도 괜찮고 그대로 먹어도 괜찮다.

사쿠라모찌
간토식

옅은 핑크빛 도는 크레이프에 단팥을 감싼 간토식 사쿠라모찌이다.
박력분만으로는 만들 수 없는 쫄깃쫄깃한 식감은
찹쌀가루를 넣어서 표현했다.
매력 넘치는 단팥앙금을 즐겨보자.

사쿠라모찌 (간사이식 · 도묘지)

[미리 준비하기]

· 통팥앙금은 8등분해서 동그랗게 빚어 놓는다.
· 벚나무 잎 소금 절임은 씻어서, 물에 10분 정도 담가 놓아서 소
  금기를 뺀다. 물기를 닦고 가위로 질긴 잎줄기 부분을 잘라낸다.
  크기가 큰 경우에는 잎 아랫부분을 약간 잘라내도 괜찮다.

재료 (지름 5cm, 8개분)

도묘지 가루(중간 크기 알갱이) … 100g
식용색소(빨강) … 약간
물 … 150㎖
정백당 … 20g
소금 … 약간
통팥앙금 … 120g
벚나무잎 소금 절임 … 8장
A | 정백당 … 1큰술
　 | 물 … 2큰술

※ 도묘지 가루는 쩌낸 찹쌀을 건조시켜 좁쌀만한 크기로 빻은 가루이다.

만드는 방법

1

내열 볼에 **A**를 넣고 비닐 랩을 느슨하게 씌워 600W 전자레인지에서 40초간 가열해 녹인 후, 식혀서 시럽을 만든다. 다른 볼을 준비해서 분량 외 소량의 물에 식용색소를 녹인 후, 분량의 물을 조금씩 넣어가며 흐린 핑크색을 만든다.

2

내열 볼에 도묘지 가루와 정백당, 소금, **1**의 핑크색 물을 넣고 가루가 뭉치지 않도록 주걱으로 섞는다. 비닐 랩을 느슨하게 씌우고 600W 전자레인지에서 4분간 가열한다.

3

한 번 섞고 비닐 랩에 반죽을 밀착시켜서 10분간 뜸 들인다.

4

고무 주걱으로 자르는 듯한 느낌으로 섞고, 반죽이 식기 전에 손에 **1**의 시럽을 묻혀서 8등분한 후 동그랗게 빚는다.

5

손에 **1**의 시럽을 바르고 반죽을 손바닥으로 가볍게 눌러서 편평하게 만든다. 동그랗게 빚어 놓은 통팥앙금을 올려서 감싸고 손바닥으로 굴려서 동그란 모양으로 만든다. 같은 방법으로 7개 더 만든다.

6

벚나무잎 윗면의 잎줄기 쪽에 **5**를 올려놓고 감싼다. 같은 방법으로 7개 더 만든다.

사쿠라모찌 (간토식)

[미리 준비하기]

· 통팥앙금은 10등분해서 동그랗게 빚어 놓는다.
· 벚나무잎 소금 절임은 씻어서, 물에 10분 정도 담가 놓아서 소금기를 뺀다. 물기를 닦고 가위로 잎줄기 부분을 잘라낸다. 크기가 큰 경우에는 잎 아랫부분을 약간 잘라내도 괜찮다.

재료 (10개분)

찹쌀가루 … 5g
박력분 … 60g
정백당 … 40g
물 … 100㎖
식용색소 (빨강) … 약간
통팥앙금 … 180g
벚나무잎 소금절임 … 10장
식용유 … 적당량

만드는 방법

1

분량 외 소량의 물에 식용색소를 녹인다.

2

볼에 찹쌀가루, 정백당을 넣어서 잘 섞고 물을 조금씩 넣으면서 가루가 뭉치지 않도록 주걱으로 잘 섞는다.

3

박력분을 체에 쳐서 넣고 주걱으로 섞는다. 1을 조금씩 넣으며 연한 핑크색이 되도록 한다.

4

프라이팬에 식용유를 얇게 바르고 약불로 데운 후 젖은 행주 위에 올려서 일단 온도를 낮춘다(구울 때마다 반복하면 좋다). 3을 1큰술씩 붓고 스푼의 볼록한 부분으로 타원형 모양으로 펼친다.

5

표면이 마르면 뒤집어서 살짝 더 굽는다. 색이 예쁘게 나온 면을 위로 향하게 해서 테플론 시트에 올려놓고 살짝 식힌다. 뒤집을 때는 팔레트 나이프나 대나무 꼬치 등으로 끝부터 살짝 벗겨내듯이 한다. 손이 데지 않도록 주의하며 뒤집는다.

6

예쁜 면을 아래쪽으로 해서 손에 올리고 둥글게 빚은 통팥앙금을 올려서 감싼다. 벚나무잎 윗면이 위를 향하게 손바닥에 놓고, 크레이프의 끝사락이 아래쪽을 향하게 놓고 감싼다. 같은 방법으로 9개 더 만든다.

킨츠바

단팥을 한천으로 굳히고 반죽 옷을 입혀서
표면을 천천히 구워서 고소한 맛을 낸다.
얇지만 쫄깃함이 느껴지는
반죽 옷이 되도록 배합했다.
따뜻할 때 먹으면 행복해질 정도로 맛있다.

재료 (6개분) ※14×11×4.5㎝ 틀 1개분

A | 한천가루 … 3g
　 | 물 … 70㎖
통팥앙금 … 300g
정백당 … 40g

★반죽 옷
참쌀가루 … 5g
정백당 … 10g
물 … 4큰술
박력분 … 30g
식용유 … 적당량

[미리 준비하기]
틀에 유산지를 깔아둔다.

만드는 방법

1

내열 볼에 **A**를 넣어 거품기로 섞는다. 비닐 랩을 느슨하게 씌우고 600W 전자레인지에서 2분 정도 가열한다.

2

통팥앙금과 정백당을 넣고 전체를 섞는다. 다시 비닐 랩을 느슨하게 씌우고 전자레인지 600W에서 2분간 가열한다.

3

가볍게 섞은 후, 약간 식혀서 틀에 붓는다. 주걱으로 재빠르게 편평하게 만들어서 실온에 둔다.

4

굳으면 6등분으로 자른다.

5

볼에 찹쌀가루와 정백당을 넣어서 잘 섞고, 물을 조금씩 넣으면서 가루가 뭉치지 않도록 주걱으로 섞는다.

6

박력분을 체에 쳐서 넣고 걸쭉하고 매끈한 상태가 될 때까지 주걱으로 섞는다. 주걱으로 떠올려서 흘러내리는 상태가 될 때까지 조금씩 물을 넣으면서 섞는다.

7

트레이에 옮겨서 **4**를 손에 쥐고 한 면씩 반죽을 묻힌다.

8

중불로 데우고 식용유를 얇게 바른 프라이팬에 가볍게 누르면서 굽는다. 같은 방법으로 모든 면을 구워서 5개 더 만든다.

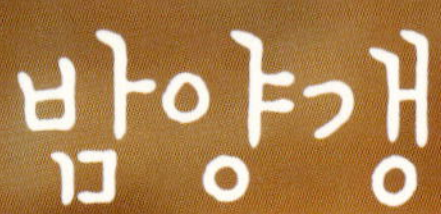

밤양갱

찌는 시간이 오래 걸려서 만들기 어려워 보이지만,
의외로 간단한 레시피이다.
시판 통조림 밤을 사용하면 더욱 간단하다.
밤은 위에 올릴 양 만큼만 준비해도 괜찮다.

[미리 준비하기]

· 틀에 유산지를 깔아둔다.
· 밤 통조림은 장식용으로 6개를 절반으로 잘라 놓는다.
· 찜기를 준비한다.
※ p.25 참조

재료 (12개분) 14×11×4.5㎝ 틀 1개분

A | 통팥앙금 … 400g
  | 정백당 … 40g
박력분 … 30g
칡가루 … 10g
물 … 4~5큰술
밤 통조림 … 200g

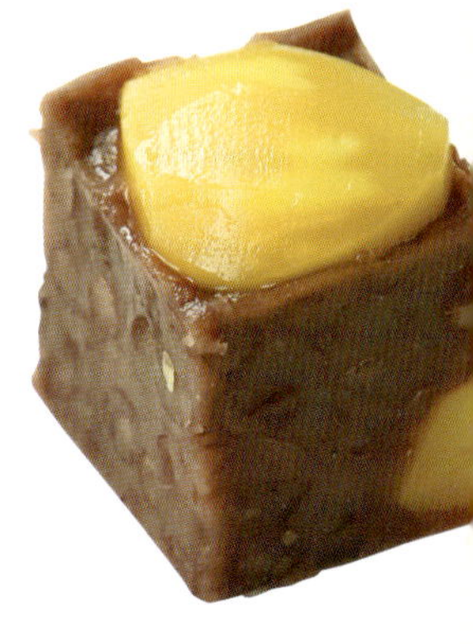

만드는 방법

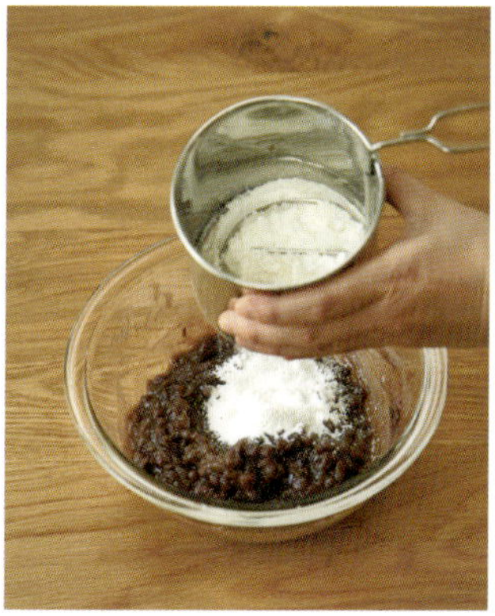

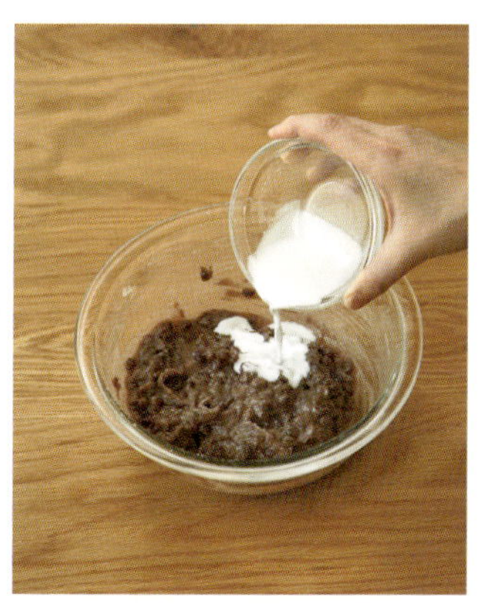

1

볼에 A를 넣고 주걱으로 섞은 다음, 박력분을 체로 쳐서 넣고 다시 섞는다.

2

다른 볼에 칡가루를 넣고 분량의 물 1큰술을 넣어서 녹이고 3번에 나눠서 1에 넣어가며 섞는다.

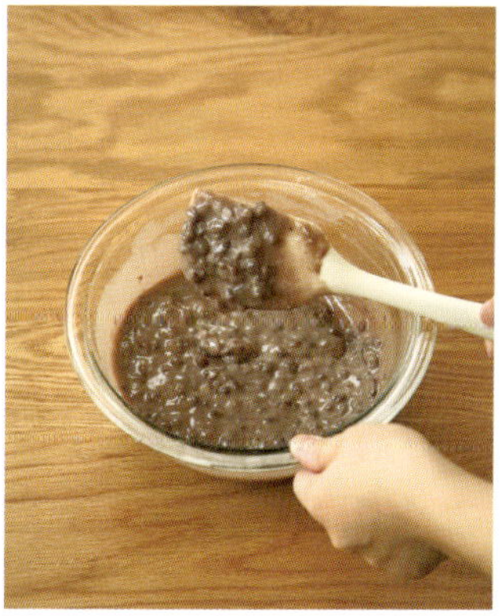

3

남은 물도 조금씩 넣어가며 섞어서 주걱으로 떠 올리면 천천히 떨어지고 전체적으로 바로 편평해지지 않는 정도의 농도가 되도록 한다.

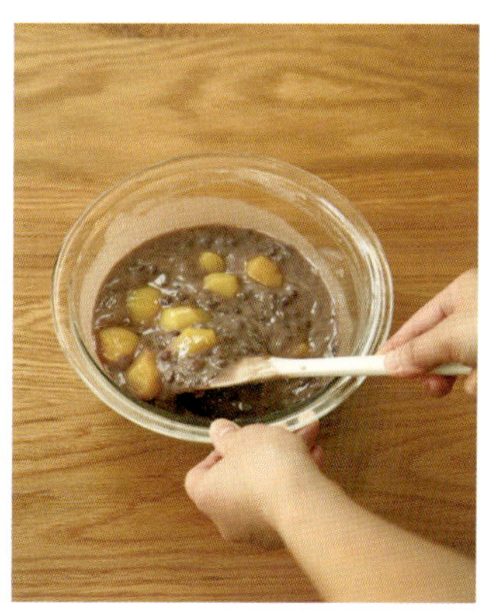

4

밤조림을 넣고 부서지지 않도록 잘 섞는다.

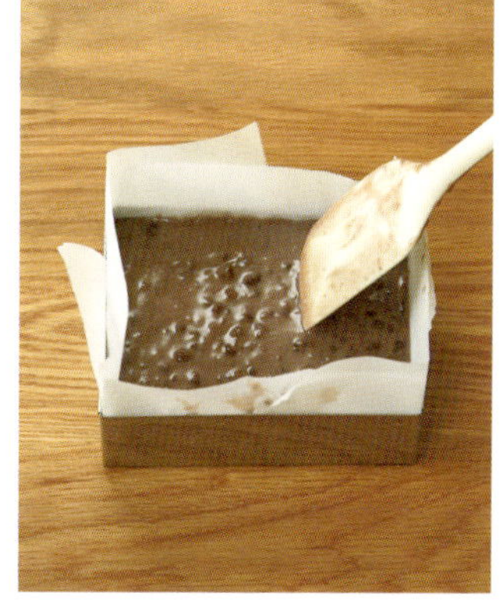

5

틀에 붓고 주걱으로 표면을 고른 다음, 틀을 살짝 떨어뜨려서 공기를 뺀다.

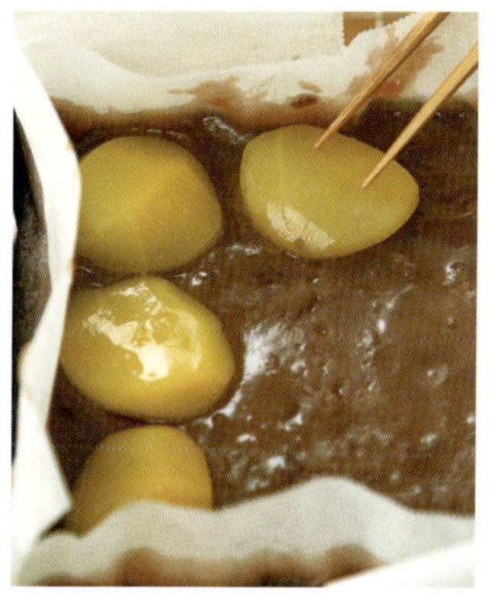

6

물을 끓여 놓은 찜기에 올리고 중불로 50분간 찐다. 도중에 냄비의 물이 다 증발되지 않았는지 잘 살펴본다. 표면에 장식용 밤을 올리고 중불에서 2~3분간 더 찌고 나서 틀 채로 식힌다. 충분히 식으면 틀에서 꺼내고 12등분한다.

모두가
좋아하는
도넛

반죽을 발효시키지 않고 만드는 도넛이다.
튀겨도 좋고, 구워도 좋다.

기름에 튀기면
튀긴 단팥 도넛

두부를 넣으면 반죽이 촉촉해져서 만들기 쉽고,
만든 후에도 비교적 오랫동안 촉촉한 상태가 지속된다.
입안 가득 퍼지는 기름과 단팥의 조화가 환상적이다.

오븐에 구우면

구운 단팥 도넛

표면은 포슬포슬 바삭하고, 속 단팥은 촉촉하다.
마지막에 슈거파우더를 뿌려서 부드럽고 가벼운 맛을 느끼게 했다.
시간이 지나면 딱딱해지기 쉬우므로, 만들면 바로 먹도록 한다.

단팥 도넛

재료 (10개분)

달걀 … 1개
연두부 … 50g
사탕수수당 … 4큰술
소금 … 약간
참기름 … 1큰술
A | 박력분 … 160g
　 | 베이킹파우더 … 1작은술
통팥앙금..250g

★튀긴 도넛
튀김용 기름 … 적당량
사탕수수당 … 적당량

★구운 도넛
슈거파우더 … 적당량

[미리 준비하기]
★튀긴 도넛
· 통팥앙금은 10등분해서 동그랗게 빚어 놓는다.

★구운 도넛
· 오븐은 180℃로 예열해 둔다.
· 오븐 팬에 유산지를 깔아둔다.
· 통팥앙금은 10등분해서 동그랗게 빚어 놓는다.

1

볼에 달걀을 풀고, 연두부, 사탕수수당, 소금을 넣어서 거품기로 잘 섞는다. 걸쭉하게 되면 참기름을 넣고 섞는다.

2

A를 체로 쳐서 넣고 고무주걱으로 가볍게 섞는다.

3

한 덩어리로 뭉쳐지면 손에 밀가루를 묻히고 둥글게 10등분하여 손바닥으로 편평하게 만든다.

4

동그랗게 빚어 놓은 통팥앙금을 반죽으로 감싸서 입구를 잘 봉한다. 유산지를 깔아둔 오븐 팬에 늘여 놓는다.

4

동그랗게 빚어 놓은 통팥앙금을 반죽으로 감싸서 입구를 잘 봉한다. 덧밀가루(분량 외, 가능하면 강력분)를 뿌린 트레이에 늘여놓는다.

5

180℃로 예열한 오븐에서 15분 정도 굽는다. 노르스름하게 구워지면 꺼내서 식힘망에 올리고 약간 식혀서 슈거파우더를 뿌린다.

5

덧밀가루를 털어내고 170℃로 가열한 기름에 조심히 넣어 요리용 젓가락으로 때때로 뒤집으면서 3분 정도 튀긴다.

※튀긴 앙금 도넛에 비해 시간이 지나면 딱딱해지기 쉽다.

6

잘 튀겨진 색이 되면 꺼내서 기름을 빼고 따뜻할 때 사탕수수당을 묻힌다.

3장 서양과자

서양과자에 단팥을 이용한다고 하면 어울리지 않을 것 같지만
사실은 서양과자에도 자주 사용되곤 한다.
여기에서는 유제품이나 초콜릿 등 서양의 식재료와 궁합이 좋고,
단팥의 새로운 매력을 펼칠 수 있는 레시피를 소개한다.

파운드케이크

볼 하나에 재료를 섞어서 만드는 대표적인 서양과자이다.
버터를 사용하지 않아서 뒷맛이 깔끔하다.
재료가 심플하고 만드는 방법도 간단하기 때문에
서양과자를 처음 구워보는 사람에게 추천한다.

단팥 & 크림치즈 파운드케이크

반죽 속에 치즈가 절묘하다.
굽자마자 먹으면 부드러운 식감이 훌륭하다.

재료 (파운드케이크 틀 18×8×6㎝ 1개분)

통팥앙금 … 200g

크림치즈 … 50g

달걀 … 2개

사탕수수당 … 50g

참기름 … 50g

A | 박력분 … 80g
  | 아몬드파우더 … 20g
  | 베이킹파우더 … 1작은술

[미리 준비하기]

· 오븐은 180℃로 예열한다.

· 파운드케이크 틀에 유산지를 깐다.

만드는 방법

크림치즈는 1㎝ 각으로 자른다.

볼에 달걀을 풀고 사탕수수당을 넣어서 거품기로 잘 섞는다. 걸쭉해지면 참기름을 넣고 섞는다. 그리고 통팥앙금을 넣고 되도록 팥이 으깨지지 않도록 거품기로 조심하며 섞는다.

응용 레시피

단팥 & 고구마 파운드케이크

고구마 조림의 달콤한 국물을 넣어서 더욱 부드러워진 고구마 파운드케이크. 폭신폭신한 고구마의 식감을 즐겨보자.

단팥 & 밤 코코아 파운드케이크

밤을 넣어서 단면에 예쁜 노란색과 부드러운 식감을 더했다.

A를 체로 쳐서 넣고 고무주걱으로 섞는다. 가루가 약간 보일 정도일 때 1의 크림치즈를 넣고 가루가 보이지 않을 때까지 가볍게 섞는다.

틀에 반죽을 붓고 180℃로 예열해 놓은 오븐에서 40~45분 굽는다.

10분 정도 구워졌을 때 과도로 칼집을 넣어주면 위쪽이 예쁘게 갈라지며 부푼다. 오븐 온도가 떨어지기 쉬우므로 재빠르게 작업한다.

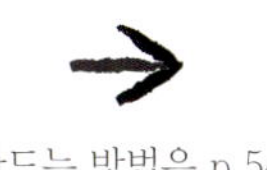

대나무 꼬치로 찔러서 끈적한 반죽이 묻어나오지 않으면 완성이다. 틀에서 빼내어 유산지를 붙인 채로 식힘망에서 식힌다.

단팥 & 말차 파운드케이크

화과자에도 자주 사용되는 말차를 서양과자에 응용해 보았다.

흰앙금 & 살구 파운드케이크

신맛이 나는 과일과 흰앙금의 조합이다. 과일은 통조림이나 잼을 사용해도 괜찮다.

→ 만드는 방법은 p.54

단팥 & 고구마 파운드케이크

재료 (파운드케이크 틀 18×8×6㎝ 1개분)
통팥앙금 … 200g / 고구마 … 50g (약 1/4 개)
a [물 … 1큰술 / 사탕수수당 … 1/2큰술 / 요리술 … 1/2큰술]
달걀 … 2 개 / 사탕수수당 … 50g / 참기름 … 50g
A [박력분 … 80g / 아몬드파우더 … 20g /
　　베이킹파우더 … 1 작은술]

만드는 방법

고구마를 껍질 채 잘 씻어서 1㎝ 각으로 자른다. 물에 담가두었다가 건져서 물기를 뺀다. 내열 접시에 a를 넣고 섞는다. 여기에 고구마를 늘여 놓고 비닐 랩을 느슨하게 씌워서 600W 전자레인지에서 2분 정도 가열한다. 랩을 씌운 채로 한 김 식을 때까지 놔둔다. 「단팥 & 크림치즈 파운드케이크」 와 같은 방법으로 2~6 까지 만든다. 3에서 크림치즈 대신 고구마를 넣는다.

단팥 & 말차 파운드케이크

재료 (파운드케이크 틀 18×8×6㎝ 1개분)
통팥앙금 … 200g
달걀 … 2 개
사탕수수당 … 50g
참기름 … 50g
A [박력분 … 75g / 아몬드파우더 … 20g /
　　말차파우더 … 5g / 베이킹파우더 … 1 작은술]

만드는 방법

「단팥 & 크림치즈 파운드케이크」 와 같은 방법으로 1~2 까지 만든다. A를 체로 쳐서 넣고 가루가 날리지 않을 때까지 가볍게 섞는다. 4~6 을 만든다.

단팥 & 밤 코코아 파운드케이크

재료 (파운드케이크 틀 18×8×6㎝ 1개분)
통팥앙금 … 200g
밤 통조림 … 100g
달걀 … 2 개
사탕수수당 … 50g
참기름 … 50g
A [박력분 … 70g / 아몬드파우더 … 20g /
　　코코아파우더 … 10g / 베이킹파우더 … 1 작은술]

만드는 방법

A는 섞어서 체로 쳐 놓는다. 밤 통조림은 6 등분해서 자른다. 「단팥 & 크림치즈 파운드케이크」 와 같은 방법으로 2 까지 만든다. 3 에서 크림치즈 대신 밤 통조림을 넣고 가루가 날리지 않을 때까지 가볍게 섞는다. 4~6 을 만든다.

흰앙금 & 살구 파운드케이크

재료 (파운드케이크 틀 18×8×6㎝ 1개분)
흰앙금 … 200g
건조 살구 … 50g (약 10개)
럼주 … 1큰술
달걀 … 2개 / 사탕수수당 … 50g / 참기름 … 50g
A [박력분 … 80g / 아몬드파우더 … 20g /
　　베이킹파우더 … 1 작은술]

만드는 방법

건조 살구는 약 2㎝ 각으로 잘라서 볼에 넣고 럼주를 붓고 비닐 랩으로 밀착시킨 다음 10분 정도 절인다. 「단팥 & 크림치즈 파운드케이크」 와 같은 방법으로 2까지 만든다. 3에서 크림치즈 대신에 건조 살구를 넣고 가루가 날리지 않을 때까지 가볍게 섞는다. 4~6을 만든다.

머핀

파운드케이크와 거의 같은 재료를 사용하여
먹기 좋은 크기로 만든다.
아침 식사나 간식으로 활용하기 좋다.

단팥 & 홍차 머핀

반으로 잘랐을 때 보이는 단팥의 모습이 재미있다.

재료 (머핀 틀 지름 7㎝ 6개분)

통팥앙금 … 200g
달걀 … 1개
사탕수수당 … 50g
홍찻잎 (티백) … 1개
참기름 … 2큰술
성분 무조정 두유 … 3큰술

A │ 박력분 … 100g
　│ 베이킹파우더 … 1작은술

[미리 준비하기]

· 오븐은 180℃로 예열한다.
· 머핀 틀에 유산지를 깔아둔다.
· 홍찻잎은 티백에서 꺼내둔다.

만드는 방법

1. 통팥앙금을 6등분해서 동그랗게 빚어둔다.
2. 볼에 달걀을 풀고 사탕수수당을 넣어서 거품기로 잘 섞는다. 걸쭉해지면 홍찻잎, 참기름, 두유를 순서대로 넣으면서 섞는다.
3. A를 체로 쳐서 넣고 가루가 보이지 않을 정도로 거품기로 섞는다.
4. 틀에 3의 반죽을 1큰술씩 넣고 1의 빚어 놓은 앙금을 넣고 남은 반죽을 붓는다. 180℃로 예열한 오븐에서 20~25분 굽는다.
5. 대나무 꼬치를 찔러서 끈적한 반죽이 묻어나오지 않으면 완성이다. 틀에서 꺼내고 유산지를 붙인 채로 식힘망에서 식힌다.

흰앙금 & 블루베리 머핀

흰앙금을 같이 반죽했다. 블루베리는 냉동, 생과 어느 것이라도 괜찮다.

재료 (머핀 틀 지름 7㎝, 6개분)

흰앙금 … 200g / 블루베리(냉동) … 50g
달걀 … 1개 / 사탕수수당 … 50g / 참기름 … 2큰술
/ 두유(성분 무조정) … 3큰술
A [박력분 … 100g / 베이킹파우더 … 1작은술]

만드는 방법

블루베리에 A의 박력분을 1큰술 뿌려둔다. 「단팥 & 홍차 머핀」과 같은 순서로 만든다. 2에서 걸쭉해지면 참기름, 두유를 순서대로 넣으면서 섞는다. 3을 한 다음에 블루베리를 넣어서 고무주걱으로 가볍게 섞는다.

스콘

겉은 바삭바삭하고, 속은 포슬포슬하다.
반죽에 단팥을 섞어서
씹으면 씹을수록 향기가 입안에 퍼진다.
미리 만들어 두어도 맛있어서
아침 식사로 제격이다.

단팥 & 호지차 스콘

찻잎은 티백을 사용해도 향기가 좋다.
호지차와 함께 먹으면 더욱 맛있다.

만드는 방법

1

볼에 A를 넣고 손으로 둥글게 원을 그리며 섞는다.

2

중앙에 참기름, 통팥앙금을 넣고 주변의 가루를 스크래퍼로 자르는 듯한 느낌으로 재빠르게 섞는다.

3

뭉쳐지면 스크래퍼로 반죽을 절반으로 자르고 겹쳐서 위에서 누른다. 10번 정도 반복한다.

4

한 덩어리로 만들어 손으로 8×12㎝ 크기로 모양을 잡아서 (두께 약 2㎝) 스크래퍼로 6등분한다. 처음에 상하좌우 테두리를 잘라 놓으면 층이 더 예쁘게 생긴다. 자르고 남은 반죽은 하나로 뭉쳐서 동그랗게 빚으면 1/2개가 된다.

5

오븐 팬에 서로 떨어뜨려서 늘여놓고 200℃로 예열한 오븐에 10분간 굽는다. 180℃로 떨어뜨려서 5~8분 더 굽는다.

6

잘 구워지면 식힘망 위에서 식힌다.

단팥 & 콩가루 스콘

만능 식재료인 콩가루의 강하지 않은 부드러운 맛!

재료 (3×7cm, 6.5개분)

A
| 박력분 … 110g
| 콩가루 … 10g
| 베이킹파우더 … 1작은술
| 소금 … 약간

참기름 … 3큰술

통팥앙금 … 100g

콩가루 … 적당량

만드는 방법 「단팥 & 호지차 스콘」과 같게 **1~3**까지 만든다. 반죽을 9×14cm (두께 약 2cm)로 만들어서 스크래퍼로 6등분한다. 오븐 팬에 간격을 띄워 늘여놓고 가는 체로 콩가루를 적당량 뿌려서 200℃로 예열한 오븐에 10분간 굽고 나서 180℃로 온도를 낮춰서 5~8분 더 굽는다. 잘 구워지면 식힘망 위에서 식힌다.

흰앙금 & 흑임자 스콘

흑임자 가루와 볶은 흑임자의 다양하고 즐거운 고소함!

재료 (지름 6cm, 5.5개분)

A
| 박력분 … 110g
| 흑임자 가루 … 10g
| 볶은 흑임자 … 1큰술
| 베이킹파우더 … 1작은술
| 소금 … 약간

참기름 … 3큰술

흰앙금 … 100g

만드는 방법 「단팥 & 호지차 스콘」과 같게 **1~3**까지 만든다. 반죽을 12×12cm (두께 약 2cm)로 만들어서 쿠키 틀이나 컵으로 찍는다. 남은 반죽은 뭉쳐서 다시 두께를 같게 해서 찍는다. **5~6**의 순서대로 만든다.

단팥 & 화이트 초콜릿 스콘

입안에서 초콜릿과의 즐거운 만남!

재료 (약 5cm 삼각형, 6개분)

A
| 박력분 … 120g
| 베이킹파우더 … 1작은술
| 소금 … 약간

참기름 … 3큰술

통팥앙금 … 100g

화이트 초콜릿 … 50g

만드는 방법 화이트 초콜릿은 손으로 잘게 부순다. 「단팥 & 호지차 스콘」과 같게 **1**까지 만든다. 화이트 초콜릿을 넣고 **2**의 순서대로 만든다. 반죽을 지름 12cm 원반 모양 (두께 약 2cm)으로 만들어서 스크래퍼로 6등분한다. **5~6**의 순서대로 만든다.

치즈케이크

바삭바삭한 식감의 쿠키 반죽 위에
단팥을 펼쳐 올리고
그 위에 반죽을 부어 촉촉하게 구웠다.
단팥과 우유가 잘 어울리듯
단팥과 치즈도 정말 잘 어울린다.
단팥을 반죽에 섞어서 구워도 맛있다.

단팥 & 콩가루 치즈케이크

반죽에 콩가루가 들어가서 약간 무겁지만
요구르트와 생크림이 들어 있어 촉촉하다.

재료 (지름 18㎝의 바닥 분리형 원형 틀)

★ 쿠키 바닥

    A [통밀가루 … 80g / 사탕수수당 … 20g / 소금 … 약간]

    참기름 … 2큰술

★ 반죽

    크림치즈 … 200g

    사탕수수당 … 60g

    달걀 … 2개

    플레인 요구르트 … 100g

    생크림 … 100㎖

    콩가루 … 3큰술

    통팥앙금 … 150g

[미리 준비하기]

오븐은 180℃로 예열한다.

만드는 방법

1

쿠키 바닥을 만든다. 볼에 **A**를 넣고 손으로 둥글게 저으며 섞는다.

2

참기름을 넣고 스크래퍼로 자르는 듯한 느낌으로 재빠르게 섞는다.

3

뭉쳐지기 시작하면 스크래퍼로 반죽을 절반으로 자르고 겹쳐서 위에서 누른다. 10번 정도 반복한다.

4

틀에 넣고 꾹 누르면서 틀 바닥에 깔고 포크로 구멍을 뚫는다. 180℃로 예열한 오븐에서 20분간 굽는다. 구워지면 꺼내서 그대로 식힌다.

5

반죽을 만든다. 오븐은 160℃로 예열한다. 볼에 크림치즈를 넣고 부드럽게 되도록 반죽하고 사탕수수당을 넣어서 거품기로 잘 섞는다.

6

달걀을 1개씩 넣어서 섞고 플레인 요구르트, 생크림의 순서로 넣고 섞는다.

7

콩가루를 고운체에 쳐서 넣고 거품기로 섞는다. 마지막에는 고무주걱으로 섞는다.

8

4의 틀에 통팥앙금을 넣고, 전체적으로 펼친다.

9

7의 반죽을 붓는다.

10

160℃로 예열한 오븐에서 50~60분 굽는다. 식힘밍 위에서 살짝 식히고 냉장고에 넣는다. 가능하면 하룻밤 정도 재워두면 좋다.

흰앙금 & 라즈베리 치즈케이크

과일과 흰앙금의 대표적인 조합이다.
구워서 부드럽게 된 라즈베리가 치즈 반죽과 맛있는 조화를 이룬다.

재료 (지름 18cm의 바닥 분리형 원형 틀)

★쿠키 바닥

A | 통밀가루 … 80g
  | 사탕수수당 … 20g
  | 소금 … 약간

참기름 … 2큰술

★반죽

크림치즈 … 200g

사탕수수당 … 60g

달걀 … 2개

플레인 요구르트 … 100g

생크림 … 100㎖

콘스타치 … 2큰술

흰앙금 … 150g

라즈베리(냉동) … 60g

만드는 방법

「단팥 & 콩가루 치즈케이크」와 같은 방법으로 **1~6**까지 만든다. 콘스타치를 넣어 거품기로 섞고 마지막에서 고무주걱으로 섞는다. 4의 틀에 흰앙금을 넣어서 전체적으로 펼치고 위에서 **6**의 반죽을 절반가량 붓는다. 라즈베리의 절반을 넣고 남은 반죽을 붓고 남은 라즈베리를 넣는다. 160℃로 예열한 오븐에서 50~60분 굽는다. 식힘망 위에서 살짝 식히고 냉장고에 넣는다. 가능하면 하룻밤 정도 재워두면 좋다.

단팥 페이스트

단팥과 식재료를 조합하기만 하면 완성된다.
활동도가 높고 간단히 만들 수 있는 레시피이다.

아주 달진 않지만, 포만감 있는
단팥 고구마 페이스트

재료(만들기 쉬운 분량)

통팥앙금 … 100g

껍질 벗긴 고구마 … 50g

만드는 방법

1. 고구마를 4등분하고 물에 담가두었다가 건진다. 물기가 살짝 있는 상태로 내열 볼에 넣어서 비닐 랩을 느슨하게 씌우고 600W 전자레인지에서 2분간 가열한다.
2. 부드러워지면 식기 전에 주걱으로 으깨서 잘 섞는다. 통팥앙금을 넣고 섞는다.

빵이나 비스킷, 찹쌀 경단과 잘 어울리는
단팥 흑임자 페이스트

재료(만들기 쉬운 분량)

통팥앙금 … 100g

흑임자 페이스트 … 1큰술

만드는 방법

볼에 흑임자 페이스트를 넣고 고무주걱으로 부드러워지게 섞고, 통팥앙금을 넣어서 섞는다.

아침 식사로 빵에 발라 먹기 좋은

흰앙금 캐러멜 페이스트

재료 (만들기 쉬운 분량)

흰앙금 … 100g

★캐러멜 크림

그래뉴당 … 50g

생크림 (유지방 35% 전후) … 2큰술

만드는 방법

1. 생크림을 내열 볼에 넣고 600W 전자레인지에서 20초간 가열하여 데워놓는다.
2. 냄비에 그래뉴당을 넣고 중불에 올린다. 그래뉴당이 녹아서 갈색빛이 돌면 **1**의 생크림을 넣고 섞어서 살짝 식힌다.
3. 흰앙금에 **2**를 1큰술 덜어서 넣고 부드러워지도록 섞는다.

플레인 비스킷에 어울리는

흰앙금 레몬 페이스트

재료 (만들기 쉬운 분량)

흰앙금 … 100g

레몬 제스트 (겉껍질 간 것)

… 1개분 (약 2작은술)

만드는 방법

볼에 흰앙금을 넣고 레몬 제스트를 넣어서 섞는다.

새콤달콤한 페이스트를 아이스크림과 함께

흰앙금 라즈베리 페이스트

재료 (만들기 쉬운 분량)

흰앙금 … 100g

A   라즈베리 (냉동) … 20g

정백당 … 2작은술

만드는 방법

1. 큰 내열 볼에 **A**를 넣고 비닐 랩을 씌우지 않고 600W 전자레인지에서 2분간 가열하고 살짝 식힌다.
2. 흰앙금을 넣고 섞는다.

생크림 도라야키의 단팥 크림 대용으로

단팥 마스카르포네 페이스트

재료 (만들기 쉬운 분량)

통팥앙금 … 100g

마스카르포네 … 50g

만드는 방법

볼에 통팥앙금과 마스카르포네를 넣고 섞는다.

타르트

타르트지와 아몬드 크림에 버터를 사용하지 않아서 건강에 좋다.
채소나 과일을 사용해서 먹기에 부담없고, 식감이 좋다.
단팥의 부드러운 단맛을 즐길 수 있다.

단팥 & 바나나 타르트

동양적인 디저트에서 자주 만날 수 있는
바나나와 단팥의 조합을 타르트에 살렸다.

재료 (지름 18㎝ 타르트 틀 1개분)

★타르트지

A | 박력분 … 100g
　| 사탕수수당 … 3큰술
　| 소금 … 약간

참기름 … 3큰술

★아몬드 크림

달걀 … 1개
두유(성분무조정) … 50㎖
사탕수수당 … 20g
아몬드파우더 … 70g
단팥앙금 … 70g
바나나 … 1개

[미리 준비하기]
오븐은 180℃로 예열한다.

만드는 방법

타르트지를 만든다. 볼에 A를
넣고 손으로 둥글게 원을 그리
듯 섞는다. 참기름을 넣고 스크
래퍼로 자르듯이 재빠르게 섞
고 뭉쳐지기 시작하면 스크래
퍼로 반죽을 절반으로 잘라 겹
쳐서 위에서 누르는 작업을 10
번 정도 반복한다.

반죽을 2장의 비닐 랩 사이에
넣고 밀대로 3mm 두께로 밀어
서 틀보다 약간 크게 만든다.
틀 측면까지 반죽을 밀어 넣고
꼼꼼하게 밀착시킨다.

틀 위를 밀대로 밀어서 틀에서
튀어나온 반죽을 자른다. 잘려
나온 반죽으로 반죽의 얇은 부
분을 보강한다.

단팥 & 단호박 타르트

단호박을 큼직하게 썰어서 넣으면 보기에도 좋다.
포슬포슬한 식감을 즐겨보자.

재료 (지름 18㎝ 타르트 틀 1개분)
★타르트 반죽　A [박력분…100g / 사탕수수당…3큰술 / 소금…약간]
참기름…3큰술
★아몬드 크림　달걀…1개 / 두유(성분무조정)…50㎖ / 사탕수수당…20g
/ 아몬드파우더… 70g / 통팥앙금…70g / 단호박 (씨를 제거)…150g

만드는 방법 단호박은 껍질 채로 1.5㎝ 크기로 깍둑썰고 물에 담가두
었다가 건져서 물기가 약간 남아 있는 상태로 내열 볼에 넣고 비닐 랩
을 느슨하게 씌워 600W 전자레인지에서 4분간 가열하고 한 김 식힌
다. 「단팥 & 바나나 타르트」와 같은 순서로 1~7을 만든다. 단호박을
위에 올리고 가볍게 누른다. 180℃로 예열한 오븐에서 30분간 굽는
다. 식힘망 위에 올려서 식히고 한 김 식으면 틀에서 꺼낸다.

4

바닥에 포크로 구멍을 내고 180℃로 예열한 오븐에서 20분간 굽는다. 누름돌을 올리지 않으므로 구멍을 꼼꼼히 만들지 않으면 바닥이 부풀어 오르므로 주의한다. 구워지면 꺼내서 틀 채로 식혀둔다.

5

아몬드 크림을 만든다. 볼에 달걀을 넣고 거품기로 푼다. 사탕수수당, 두유를 순서대로 넣어서 섞고 아몬드파우더를 체로 쳐서 넣고 섞는다.

6

부드럽게 되면 통팥앙금을 넣고 으깨지지 않도록 부드럽게 섞는다. 마지막에는 고무주걱으로 섞어서 마무리한다.

7

반죽을 4에 붓고 고무주걱으로 편평하게 만든다.

8

7mm 두께로 통썰기한 바나나를 늘여놓고 가볍게 눌러준다. 180℃로 예열한 오븐에서 30분간 굽는다.

9

식힘망 위에 올려서 식히고 한 김 식으면 틀에서 꺼낸다.

단팥 & 사과 타르트

타르트지, 단팥, 아몬드 크림, 사과 순으로 층을 만들었다. 단팥을 타르트지 반죽에 섞어도 맛있다.

재료 (지름 18cm 타르트 틀 1개분)

★**타르트 반죽**

A [박력분…100g / 사탕수수당…3큰술 / 소금…약간] 참기름…3큰술

★**아몬드 크림**

달걀…1개 / 두유(성분무조정)…50㎖ / 사탕수수당…20g / 아몬드파우더… 70g
통팥앙금…70g / 사과…1/2개 / 슈거파우더…적당량

만드는 방법 「단팥 & 바나나 타르트」와 같은 순서로 **1~5**를 만든다. **4**에 통팥앙금을 전체적으로 바르고 **5**를 부어서 편평하게 만든다. 껍질을 벗기고 심을 빼서 2mm 두께로 썰어놓은 사과를 바깥쪽부터 약간씩 옆으로 밀어가며 늘여놓고 가볍게 눌러준다. 슈거파우더를 뿌리고 180℃로 예열한 오븐에서 30분간 굽는다. 식힘망 위에 올려서 식히고 한 김 식으면 틀에서 꺼낸다.

파이

반죽에 버터를 사용하지 않고 박력분과 강력분을
섞어서 바삭한 식감으로 완성한다.
속에 넣는 재료는 기호에 따라 변형해도 좋다.

단팥 & 밤 파이

한입 크기로 썬 바나나, 건조 무화과,
건조 살구를 넣어도 맛있다.

※ 보늬밤은 율피(속껍질)째 손질한 밤에 설탕,
　간장, 와인 등을 곁들여 졸여낸 것이다.

재료 (5×5㎝ 8개분)

A | 박력분 … 50g
　| 강력분 … 50g
　| 사탕수수당 … 1작은술
　| 소금 … 약간

얼음물 … 1~2큰술
참기름 … 3큰술
통팥앙금 … 80g
보늬밤 … 2개
푼 달걀 … 1/2개분

[미리 준비하기]

· 오븐은 200℃로 예열한다.

· 오븐 팬에 테플론시트를 깔아둔다.

만드는 방법

1

보늬밤을 4등분한다.

2

볼에 **A**를 넣어서 손으로 둥글게 섞는다. 얼음물을 넣어서 양손으로 비비면서 고르게 섞는다.

3

잘 섞였으면 참기름을 넣고 꾹꾹 눌러주는 느낌으로 반죽한다.

4

부드럽게 되면 비닐 랩을 씌워서 30분 정도 재운다.

5

반죽을 8등분해서 둥글게 빚고 하나씩 비닐 랩 사이에 넣고 밀대로 12×12cm(두께 약 2mm) 크기로 밀어서 중앙에 통 팥앙금 1/8량과 보늬밤 한 조각을 올린다. 반죽의 끝부분은 접어서 안 보이게 되므로 깨끗한 직선이 아니라도 괜찮다.

6

가장자리에 풀어 둔 달걀을 바르고 상하좌우를 접는다. 반죽이 잘 붙도록 가볍게 눌러주며 접는다.

7

오븐 팬에 간격을 띄어서 늘어 놓고 푼 달걀을 전체에 발라준다. 200℃로 예열한 오븐에서 20~25분 정도 굽는다.

8

잘 구워지면 식힘망에 꺼내서 식힌다.

가토 쇼콜라

단팥과 두부를 사용하여 초콜릿 함량을 줄여서 저칼로리의 건강식으로 만들 수 있다.
하지만 초콜릿 맛은 제대로 느낄 수 있고, 단면에 보이는 단팥이 재미있다.

단팥 & 두부 가토 쇼콜라

초콜릿 반죽에 통팥의 식감을 더했다.

[미리 준비하기]

· 오븐은 160℃로 예열한다.
· 달걀은 풀어둔다.
· **A**는 섞어서 체로 쳐둔다.
· 원형 틀에 유산지를 깔아둔다.

재료 (지름 15㎝의 원형 틀 1개분)

스위트 초콜릿 … 100g

달걀 … 3개

연두부 … 100g

통팥앙금 … 200g

A ┌ 박력분 … 20g
  │ 코코아파우더 … 20g
  └ 베이킹파우더 … 1작은술

슈거파우더 … 적당량

만드는 방법

1

볼에 초콜릿을 넣고 중탕으로 녹인다.

2

중탕에서 꺼내서 연두부를 넣고 거품기로 잘 섞는다.

3

풀어 둔 달걀을 4~5번에 나눠 넣으면서 거품기로 잘 섞는다.

4

A를 체로 쳐서 넣고 윤기가 날 때까지 잘 섞는다.

5

통팥앙금을 넣고 고무주걱으로 섞어서 틀에 붓는다. 160℃로 예열한 오븐에서 40~50분 굽는다.

6

대나무 꼬치로 찔러서 반죽이 묻어 나오지 않으면 완성이나 (약간 끈적거리는 느낌이라도 괜찮다). 틀 채로 식힘망 위에서 식히고 한 김 식으면 틀에서 꺼내서 유산지를 떼어낸다. 슈거파우더를 뿌린다.

시폰케이크

제대로 휘핑한 머랭으로 만든 반죽에 단팥을 듬뿍 섞은 대표적인 케이크이다.
반죽이 꺼지지 않도록 구운 후 뒤집어서 식힌다.

흰앙금 & 오렌지 필 시폰케이크

오렌지의 새콤달콤함과
흰앙금의 소박한 맛이 조화를 이루었다.

재료 (17㎝ 시폰케이크 틀)

박력분 … 70g

달걀노른자 … 4개분

사탕수수당 … 20g

참기름 … 2큰술

두유(성분무조정) … 3큰술

흰앙금 … 120g

오렌지필(다진 것) … 40g

머랭

| 달걀흰자 … 4개분
| 사탕수수당 … 30g

[미리 준비하기]

오븐은 180℃로 예열한다.

만드는 방법

1

볼에 달걀노른자를 풀고 사탕수수당을 넣어 거품기로 하얀 빛이 나면서 되직하게 될 때까지 섞는다.

2

참기름, 두유를 조금씩 넣으면서 잘 섞고, 박력분을 체로 쳐서 넣고 거품기로 윤기가 날 때까지 섞는다.

3

흰앙금과 오렌지필을 넣고 으깨지지 않도록 조심히 섞는다.

4

다른 볼에 달걀흰자를 넣고 사탕수수당을 2번에 나눠서 넣으면서 핸드믹서로 휘핑해서 단단한 머랭을 만든다.

5

3의 볼에 4의 머랭 1/3을 넣고 거품기로 재빠르게 섞는다. 남은 머랭을 2번에 나눠서 넣고 고무주걱으로 휘핑이 꺼지지 않도록 섞는다.

6

틀에 붓고 중앙의 기둥에 엄지를 대고 틀을 빙글빙글 돌려서 반죽에 있는 공기를 뺀다.

7

180℃로 예열한 오븐에서 30분 정도 굽고, 다 구워지면 30㎝ 정도 높이에서 틀을 떨어뜨려 안의 뜨거운 공기를 빼서 꺼지는 것을 방지한다. 그다음에 잘 부풀어 있도록 병에 거꾸로 꽂아서 한 김 식힌다.

※ 베이킹파우더 1/2작은술 정도를 넣어도 좋다. 부풀어서 잘 꺼지지 않도록 도와준다. 사용할 경우에는 박력분과 함께 체로 친다.

단팥 밀크 시폰케이크

연유와 우유를 사용해서 밀키한 느낌이 든다.

재료 (17cm 시폰케이크 틀)

박력분 … 70g / 달걀노른자 … 4개분 / 사탕수수당 … 20g / 연유 … 1큰술
참기름 … 2큰술 / 우유 … 2큰술 / 통팥앙금 … 120g
머랭 [달걀흰자 … 4개분 / 사탕수수당 … 30g]
[미리 준비하기] 오븐은 180℃로 예열한다.

만드는 방법 볼에 달걀노른자를 풀고 사탕수수당을 넣어서 거품기로 하얀빛이 나면서 되직해질 때까지 섞는다. 연유, 참기름, 우유를 조금씩 넣으면서 잘 섞고, 박력분을 체로 쳐서 넣고 거품기로 윤기가 날 때까지 섞는다. 통팥앙금을 넣고 으깨지지 않도록 조심히 섞는다. 「흰앙금 & 오렌지필 시폰케이크」와 같은 방법으로 **4~7**까지 만든다.

단팥 & 말차 시폰케이크

말차의 풍미를 반죽에 섞었다.

재료 (17cm 시폰케이크 틀)

A [박력분 … 65g / 말차파우더 … 5g]
달걀노른자 … 4개분 / 사탕수수당 … 20g / 참기름 … 2큰술
두유(성분무조정) … 3큰술 / 통팥앙금 … 120g
머랭 [달걀흰자 … 4개분 / 사탕수수당 … 30g]
[미리 준비하기] 오븐은 180℃로 예열한다.

만드는 방법 볼에 달걀노른자를 풀고 사탕수수당을 넣어서 거품기로 하얀빛이 나면서 되직해질 때까지 섞는다. 참기름, 두유를 조금씩 넣으면서 잘 섞고, **A**를 체로 쳐서 넣고 거품기로 윤기가 날 때까지 섞는다. 통팥앙금을 넣고 으깨지지 않도록 조심히 섞는다. 「흰앙금 & 오렌지필 시폰케이크」와 같은 방법으로 **4~7**까지 만든다.

단팥 & 커피 시폰케이크

쌉쌀한 맛과 향기를 즐기는 어른의 맛.

재료 (17cm 시폰케이크 틀)

박력분 … 70g / 달걀노른자 … 4개분 / 사탕수수당 … 20g / 참기름 … 2큰술
A [과립 인스턴트커피 … 1.5큰술 / 뜨거운 물 … 3큰술] / 통팥앙금 … 120g
머랭 [달걀흰자 … 4개분 / 사탕수수당 … 30g]
[미리 준비하기] 오븐은 180℃로 예열한다.

만드는 방법 A는 잘 섞어서 40℃ 정도로 식혀둔다. 볼에 달걀노른자를 풀고 사탕수수당을 넣어서 거품기로 하얀 빛이 나면서 되직해질 때까지 섞는다. 참기름과 A를 조금씩 넣으면서 잘 섞고, 박력분을 체로 쳐서 넣고 거품기로 윤기가 날 때까지 섞는다. 통팥앙금을 넣고 으깨지지 않도록 조심히 섞는다. 「흰앙금 & 오렌지필 시폰케이크」와 같은 방법으로 **4~7**까지 만든다.

스펀지 반죽은 시폰케이크와 동일한 재료와 방법으로 만든다.
오븐 팬에 반죽을 붓고 편평하게 구워서 단팥 크림을 전체에 발라주고
동그랗게 말면 완성된다.

단팥 롤케이크

재료 (27×27㎝ 오븐 팬 1개분)

★스펀지 반죽

박력분 … 50g

달걀노른자 … 3개분

사탕수수당 … 20g

참기름 … 2큰술

우유 … 2큰술

머랭

달걀흰자 … 3개분

사탕수수당 … 30g

★앙금크림

생크림 … 100㎖

통팥앙금 … 100g

※ 통팥앙금의 향을 살리기 위해서 유지방 35%의 생크림을 사용한다.

[미리 준비하기]

· 오븐은 190℃로 예열한다.

· 오븐 팬에는 유산지를 깔아둔다.

※ 30×30㎝ 오븐 팬 1개분의 경우

★스펀지 반죽

박력분 … 70g / 달걀노른자 … 4개분

사탕수수당 … 30g / 참기름 … 3큰술

우유 … 3큰술

★머랭

달걀흰자 … 4개분 / 사탕수수당 … 30g

★앙금크림

생크림 … 150㎖ / 통팥앙금 … 150g

만드는 방법
[스펀지 굽기]

1.  볼에 달걀노른자를 풀어서 사탕수수당을 넣고 거품기로 하얀빛이 나면서 되직하게 될 때까지 섞는다. 참기름, 우유를 조금씩 넣으면서 잘 섞는다.

2. 박력분을 체로 쳐서 넣고, 거품기로 윤기가 날 때까지 섞는다.

3. 다른 볼에 달걀흰자를 넣고 사탕수수당을 2번에 나눠 넣으면서 핸드믹서로 휘핑하여 단단한 머랭을 만든다.

4.  2의 볼에 3의 머랭 1/3을 넣고 거품기로 재빠르게 섞는다. 남은 머랭을 2번에 나눠서 넣고 고무주걱으로 휘핑이 꺼지지 않도록 섞는다.

5. 오븐 팬에 부어 편평하게 펴고, 190℃로 예열한 오븐에서 12분 정도 굽는다.

6.  표면을 만져봐서 탄력이 있으면 다 구워진 것이다. 오븐 팬에서 꺼내고 한 김 식으면 비닐 랩을 씌워둔다. 필요에 따라 갈색으로 구워진 부분은 벗겨내도 된다.

※ 갈색으로 구워진 곳을 벗겨내고 싶으면 식힐 때 비닐 랩을 갈색 부분에 붙여 놓으면 비닐 랩과 함께 깨끗이 벗겨진다.

[크림 만들기]

7.  밑에 얼음물을 받친 볼에 생크림을 넣고 70%로 휘핑한다.

8.  통팥앙금을 넣고 섞으면서 90%까지 휘핑한다.

[롤케이크 말기]

9.  6의 유산지를 벗기고 구워진 윗부분을 위로 해서 새 유산지 위에 올린다. 롤이 끝나는 부분은 사선으로 잘라낸다.

10.  8의 크림을 끝부분 1㎝ 정도를 비워두고 나머지 부분에 바른다. 앞쪽의 스펀지를 접는 느낌으로 말기 위한 심을 만든다.

11.  유산지 채로 들어 올려 한번에 만다.

12. 말린 끝부분을 아래쪽으로 해서 비닐 랩으로 감싸고, 모양을 정리한 다음 냉장고에 1시간 이상 넣어둔다.

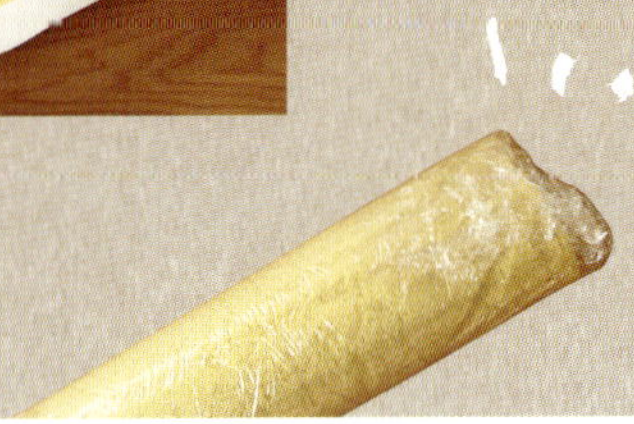

HOT & COLD

앙금 드링크

따뜻한 음료도 시원한 음료도 맛있다.
조합은 여러 가지로 해도 좋지만
여기서는 커피와 밀크셰이크를
앙금 맛으로 응용해 보았다.

단팥 밀크셰이크

믹서로 섞기만 하면 만들 수 있다.
기호에 따라 마지막에 말차파우더를 뿌린다.

재료 (1인분)

A | 통팥앙금 … 2큰술
　 | 우유 … 2큰술
　 | 바닐라 아이스 (시판) … 100g
말차파우더 (장식용) … 기호에 따라 적당량

만드는 방법

1. A를 전부 믹서에 넣고 돌린다.
2. 다 섞이면 컵에 따르고 기호에 따라 말차
　 파우더를 뿌린다.

단팥 트뤼프

단팥에 럼레이즌을 섞어도 맛있다.

재료 (지름 2.5㎝, 8개분)
통팥앙금 ⋯ 100g
스위트 초콜릿 ⋯ 100g

만드는 방법
1. 통팥앙금은 손에 묻지 않고 둥글게 빚을 수 있는 정도로 수분을 증발시킨다(600W 전자레인지에서 1분간 가열한 후, 한 번 섞고 다시 1분간 가열한다). 8등분해서 둥글게 빚는다.
2. 볼에 잘게 썬 초콜릿을 넣고 중탕해서 매끄러워지도록 녹인다. 1을 1개씩 초콜릿에 넣어서 표면을 코팅하고 포크에 올려놓아 여분의 초콜릿을 떨어뜨리고 유산지 위에 올려서 굳을 때까지 기다린다.
3. 기호에 따라 코코아파우더 또는 슈거파우더를 뿌리거나 초코펜으로 선을 그려서 장식한다.

단팥 라떼

익숙한 커피에 단팥을 섞고
폭신폭신한 우유 거품을 부었다.

재료 (1인분)
통팥앙금 ⋯ 1큰술
커피 ⋯ 100㎖
우유 ⋯ 50㎖

만드는 방법
1. 우유는 전자레인지에 데우고 나서 믹서로 거품을 낸다.
2. 컵에 커피, 통팥앙금을 넣고 섞은 후 1을 붓는다.

집에 있는 그릇을 사용한 컵 디저트는 심플한 재료를 이용해서 간단히 만들 수 있다.
냉장고에 보존해 두었다가 손님이 오셨을 때 바로 접대할 수 있어서 편리하다.

따뜻한 떡 단팥죽

단팥을 미리 만들어 놓으면, 언제든 떡만 구워서 바로 먹을 수 있는 메뉴이다.
일상적인 간식으로 활용하기 좋다.

차가운 두부 경단 단팥죽

두부 수분을 사용해 만든 경단은 식어도 딱딱해지지 않고 부드럽다.
두부 단백질을 섭취할 수 있고, 배가 든든해진다.
매일 먹고 싶은, 몸에 좋은 간식이다.

따뜻한 떡 단팥죽

재료 (2인분)

통팥앙금 … 200g
물 … 4큰술
네모난 떡 … 2개

만드는 방법

1

냄비에 통팥앙금을 넣고 물을
조금씩 넣으면서 잘 섞고, 중
불에 올려서 한번 끓어오르게
한다.

2

오븐 토스터 등에서 겉이 바삭한
느낌이 들도록 떡을 굽는다.

3

그릇에 1을 붓고 2를 올린다.

단팥 떡

구운 떡에 단팥을 올리기만 하면 된다.

만드는 방법
구운 떡에 약간 묽게 만든 통팥앙금을 올린다.

차가운 두부 경단 단팥죽

재료 (2인분)

통팥앙금 … 200g

물 … 2큰술

찹쌀가루 … 50g

연두부 … 50g

※ 통팥앙금과 물의 양은 조절할 수 있다. 좋아하는 농도로 만들면 된다.

만드는 방법

1

냄비에 통팥앙금을 넣고 물을 조금씩 넣으면서 묽게 만든다. 섞으면서 중불에 올려서 한번 끓어오르게 한다.

2

밑에 얼음물을 받친 볼에 넣고 식힌다.

3

다른 볼에 찹쌀가루와 연두부를 넣고 손으로 섞는다. 귓불처럼 말랑해질 때까지 반죽한다. 딱딱한 것 같으면 물을 약간씩 더 넣으면서 조절한다.

4

12등분해서 동그랗게 빚고 중앙을 약간 눌러서 들어가게 한다.

5

냄비에 물을 끓이고 **4**를 넣고 떠오르면 1분 정도 기다렸다가 건져내서 찬물에 넣는다. 그릇에 **2**를 넣고 물기를 뺀 찹쌀 경단을 올린다.

단팥 커스터드 푸딩

커스터드와 단팥이 잘 어울리도록 말캉말캉하고 부드러운 식감으로 만들었다.
사탕수수당과 달걀의 맛이 앙금과 잘 어울린다.

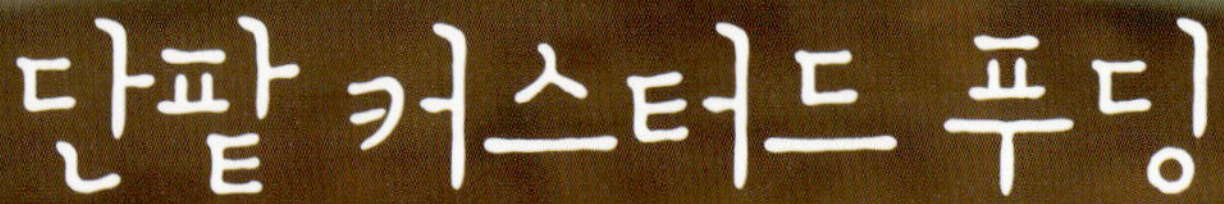

재료 (100㎖ 용기 5개분)

통팥앙금 … 150g

달걀 … 2개

사탕수수당 … 50g

A | 우유 … 150㎖
  | 생크림 … 100㎖

[미리 준비하기]

· 오븐을 150℃로 예열한다.

· 중탕할 뜨거운 물(60℃)을 준비한다.

만드는 방법

1

푸딩 용기에 통팥앙금을 같은 양으로 나눠서 넣는다.

2

볼에 달걀을 깨서 넣고 사탕수수당을 넣어 거품기로 거품이 나지 않도록 조심히 섞는다.

3

소스팬에 A를 넣고 중불에서 끓어오르기 직전까지 데운다. **2**의 볼에 조금씩 넣으면서 섞는다.

4

고운 체로 받쳐서 넣고 표면에 생긴 거품을 제거한다.

5

키친타올을 깐 스테인리스 트레이에 푸딩용기를 올려놓고 뜨거운 물을 부어서 150℃로 예열한 오븐에서 25~30분 굽는다.

6

용기를 기울였을 때 표면이 흔들릴 정도가 되면 완성이다. 오븐에서 꺼내서 한 김 식히고 냉장고에 넣는다.

단팥 & 망고 코코넛 무스

망고와 코코넛를 사용하여 트로피컬 디저트를 만들었다.
대만에서도 디저트에 달게 조린 콩조림이 사용된다.
병이 없을 때는 컵을 이용해도 된다.

만드는 방법

1

볼에 통팥앙금을 넣고 코코넛 밀크를 조금씩 부어가며 섞는 다.

2

불려둔 젤라틴은 비닐 랩을 느슨하게 씌우고 600W 전자레인지에서 10초간 가열하여 녹인 후, 1에 넣고 덩어리가 생기지 않도록 재빠르게 섞는다. 볼 바닥에 얼음물을 받치고 걸쭉해질 때까지 식힌다.

3

다른 볼에 생크림을 넣고 볼 아래에 얼음물을 받치고 60% 로 휘핑한다.

4

2의 볼에 3의 생크림을 1/3만큼 넣고 거품기로 섞는다. 남은 생크림을 2번에 나눠서 넣고 고무주걱으로 섞는다.

5

망고를 넣고 섞어서 병에 붓는다. 냉장고에서 2시간 이상 식혀서 굳힌다.

6

잘 굳으면 장식용으로 남겨둔 망고를 올린다.

물양갱

한천을 전자레인지로 녹이고 단팥을 섞기
만 하면 완성이다. 정말 간단하면서 몸에
좋은 디저트이다. 작은 알 통팥앙금을 사
용하면 식감이 더욱 좋아진다.

단팥
두유 푸딩

단팥과 두유를 섞고 젤라틴을 넣어서 굳히
기만 하면 된다. 우유를 사용하는 것보다 건
강에 좋을 것 같다. 단팥을 넣으면 많은 사
람이 싫어하는 두유 특유의 향이 줄어든다.

단팥 & 딸기 바바루아

생크림을 사용하지 않고 우유를 사용한다.
딸기를 듬뿍 사용해서 새콤함과 달콤함을
동시에 느낄 수 있다. 말캉말캉한 식감이
재미있는 디저트이다.

흰앙금 &
단술 무스
감귤 소스

누룩으로 발효시킨 단술의 달콤함에 흰앙
금의 풍미를 더했다. 향기는 단술을 마실
때와 같다. 무스는 무거운 느낌이 있으므
로 감귤의 새콤달콤함으로 가벼운 느낌을
더한다.

물양갱

재료 (100㎖ 용기, 5개분)

A | 한천가루 … 2g
  | 물 … 200㎖
작은 알 통팥앙금 … 300g

만드는 방법

1. 내열 볼에 **A**를 넣고 거품기로 섞은 후, 비닐 랩을 느슨하게 씌워서 600W 전자레인지에서 10초간 가열한다.
2. 통팥앙금을 넣어 잘 섞고 다시 비닐 랩을 씌워서 600W 전자레인지에서 1분간 가열한다.
3. 주걱으로 천천히 저으면서 식히고, 걸쭉해지면 용기에 붓고 냉장고에서 굳힌다.

단팥 두유 푸딩

재료 (100㎖ 용기, 5개분)

작은 알 통팥앙금 … 200g
두유 … 250㎖
젤라틴가루 … 5g
물 … 2큰술

[미리 준비하기]

· 젤라틴은 물을 넣어서 불려둔다.

만드는 방법

1. 볼에 통팥앙금을 넣고 두유를 조금씩 넣으면서 섞는다.
2. 불려둔 젤라틴은 비닐 랩을 느슨하게 씌워서 600W 전자레인지에서 10초간 가열하여 녹이고, **1**에 넣어서 덩어리가 생기지 않도록 재빠르게 섞는다.
3. 용기에 붓고 냉장고에서 2시간 이상 식혀서 굳힌다.

단팥 & 딸기 바바루아

재료 (100㎖ 용기, 5개분)

A | 작은 알 통팥앙금 … 130g
  | 딸기 … 200g
  | 우유 … 100㎖

젤라틴가루 … 5g

물 … 2큰술

딸기(장식용) … 5개

[미리 준비하기]

· 젤라틴은 물을 넣어서 불려둔다.

만드는 방법

1. A를 믹서에 넣고 부드럽게 될 때까지 돌려준다.
2. 불려둔 젤라틴은 비닐 랩을 느슨하게 씌워서 600W 전자레인지에서 10초간 가열하여 녹이고, 1에 넣어서 덩어리가 생기지 않도록 재빠르게 돌려준다.
3. 용기에 붓고 냉장고에서 2시간 이상 식혀서 굳힌나.
4. 잘 굳으면 장식용 딸기를 올린다.

흰앙금 & 단술 무스
감귤 소스

재료 (100㎖ 용기, 5개분)

흰앙금 … 130g

생크림 … 200㎖

단술 (설탕 사용하지 않은 것) … 200g

젤라틴가루 … 5g

물 … 2큰술

통조림 감귤 … 10조각

[미리 준비하기]

· 젤라틴은 물을 넣어서 불려둔다.

만드는 방법

1. 믹서에 흰앙금, 단술을 넣어서 돌려준다.
2. 잘 섞여서 부드럽게 되면 생크림을 넣고 돌린다.
3. 불려둔 젤라틴은 비닐 랩을 느슨하게 씌워서 600W 전자레인지에서 10초간 가열하여 녹이고, 2에 넣고 재빠르게 돌려준다.
4. 용기에 붓고 냉장고에서 2시간 이상 식쳐서 굳힌다.
5. 잘 굳으면 포크로 잘게 풀어 놓은 감귤을 올린다.

말차 팥빙수

빙수에 말차 시럽을 부어서 단팥을 올리기만 하면 완성이다.
더운 날에 먹고 싶어지기 마련이지만 겨울에 먹어도 맛있다.
얼음 사이에 단팥을 넣거나 연유를 부어서 응용할 수도 있다.

재료 (2인분)

말차 파우더 ⋯ 1큰술
정백당 ⋯ 80g
뜨거운 물 ⋯ 50㎖
얼음 ⋯ 500g
작은 알 통팥앙금 ⋯ 150g

만드는 방법

1. 볼에 말차 파우더를 체로 쳐서 넣고, 정백당을 넣
   어서 잘 섞는다.
2. 뜨거운 물을 조금씩 넣으면서 녹인다. 한 김 식으
   면 냉장고에 넣어서 식힌다.
3. 빙수 기계로 얼음을 갈고 그릇에 담는다. 1의 시
   럽을 뿌리고 통팥앙금을 올린다.

Staff

調理アシスタント：福田みなみ / 国本数雅子 / たのうえあおい
アートディレクション・デザイン：久能真理
デザイン：浅井祐香
スタイリング：つがねゆきこ
撮影：鈴木信吾
編集・進行：古池日香留
協力：株式会社オリーブ＆オリーブ

【協力】
○製菓材料
　株式会社富沢商店（https://tomiz.com/）
○小豆
　北海道十勝　森田農場（http://www.azukilife.com/）
　Tel:0156-63-2789（（株）A-Net ファーム十勝）平日 10:00-18:00
　Mail:morita@azukilife.com
○撮影
　north6antiques（http://north6antiques.com/）
　UTUWA　Tel:03-6447-0070

초보자도 쉽게 만드는 앙금 레시피

손쉬운 일본 단팥 디저트

1판 1쇄　2018년 2월 24일　　1판 2쇄　2018년 12월 12일

지은이　　모리사키 마유카
옮긴이　　권효정
펴낸이　　김현준
펴낸곳　　도서출판 유나

경기도 용인시 수지구 신봉2로 30, 미래빌딩 2층 205호
전화 0505-922-1234　　팩스 0505-933-1234
kim@yunabooks.com　　www.facebook.com/yunabooks
www.yunabooks.com　　www.instagram.com/yunabooks

ISBN 979-11-88364-05-3 13590

이 도서의 국립중앙도서관 출판예정도서목록(CIP)은 서지정보유통지원시스템 홈페이지(http://seoji.nl.go.kr)와 국가자료공동
목록시스템(http://www.nl.go.kr/kolisnet)에서 이용하실 수 있습니다. (CIP제어번호 : CIP2018002662)